natürlich oekom!

Mit diesem Buch halten Sie ein echtes Stück Nachhaltigkeit in den Händen. Durch Ihren Kauf unterstützen Sie eine Produktion mit hohen ökologischen Ansprüchen:

- o mineralölfreie Druckfarben
- o Verzicht auf Plastikfolie
- o Kompensation aller CO_2-Emissionen
- o kurze Transportwege – in Deutschland gedruckt

Weitere Informationen unter www.natürlich-oekom.de
und #natürlichoekom

Bibliografische Information der Deutschen Nationalbibliothek:
Die Deutsche Nationalbibliothek verzeichnet diese Publikation
in der Deutschen Nationalbibliografie; detaillierte bibliografische
Daten sind im Internet über www.dnb.de abrufbar.

© 2021 oekom verlag, München
Gesellschaft für ökologische Kommunikation mbH
Waltherstraße 29, 80337 München

Layout und Satz: Judith Weber
Korrektur: Christiane Geldmacher
Ko-Übersetzung: Ursula Lindenberg
Umschlagabbildung: © Tina Eichner
Druck: Eberl & Koesel GmbH & Co. KG, Altusried-Krugzell

ISBN 978-3-96238-313-8

**Nachhaltige Lösungen
für eine lebenswerte Zukunft**

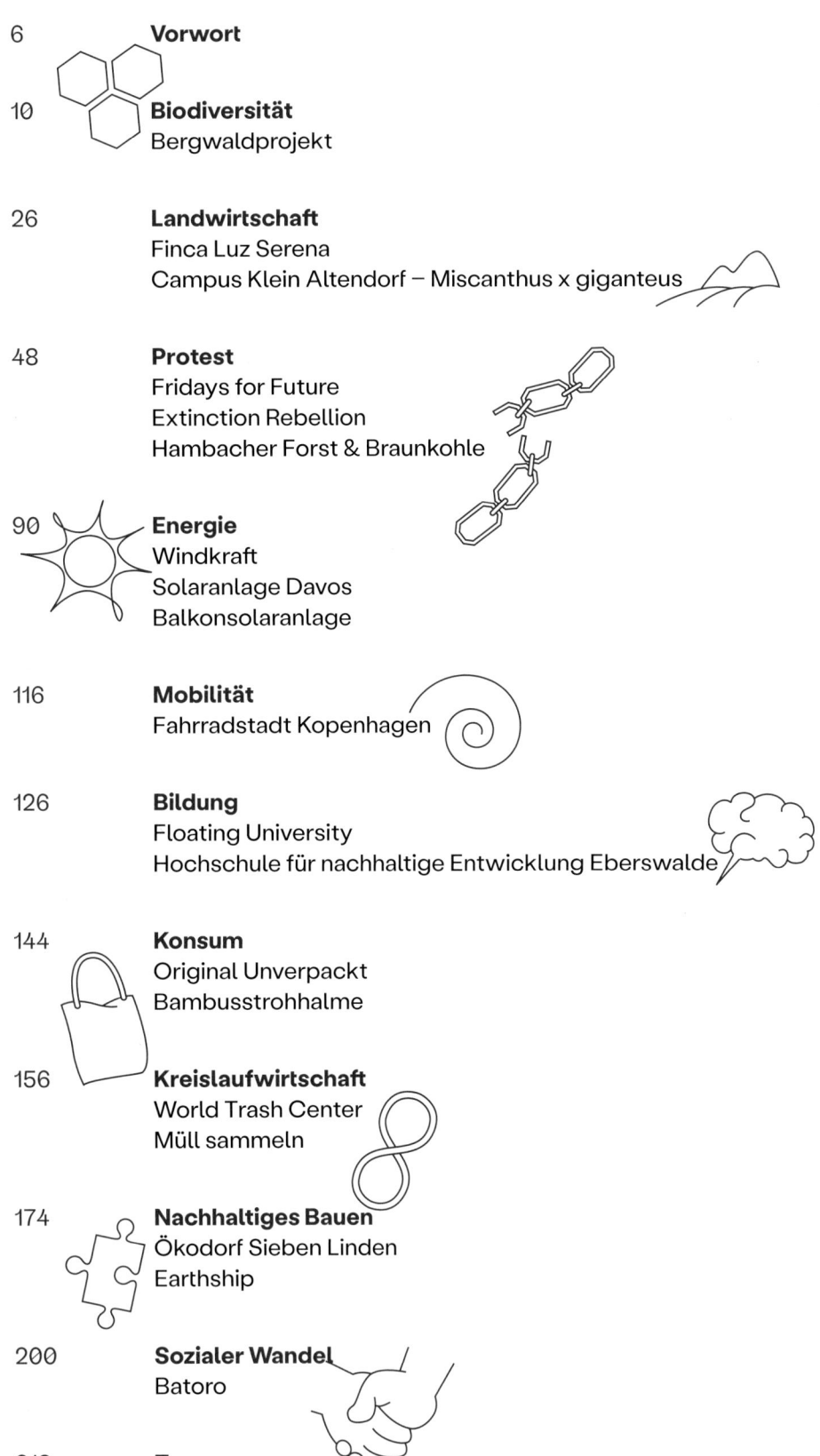

Inhalt

Es gibt sie bereits jetzt, die Menschen, die eine nachhaltige Zukunft gestalten.

Sie spiegeln die Wünsche vieler wider, die die Erde vor dem endgültigen Klimakollaps bewahren wollen und sich eine lebenswerte Zukunft für alle wünschen. Geblendet vom Wachstumszwang der Wirtschaft, ist es nun an der Zeit, die damit verbundene Zerstörung unseres Planeten sowie die Ausbeutung menschlicher Arbeitskraft zu erkennen. Die Zukunftsaussichten wirken düster und viele Menschen sind entmutigt angesichts der großen Herausforderungen.

In Hoffnung steckt viel mehr transformative Energie als in kollektiver Angst.

Dieses Buch zeigt: es gibt viele gute Gründe, um zu hoffen, denn in jeder Krise steckt auch gleichzeitig eine Chance. Klimagerechtigkeit meint dabei mehr als nur Naturschutzmaßnahmen – sie steht auch für globale Gerechtigkeit und internationale Solidarität. Für einen erfolgreichen Klimaschutz brauchen wir neben technischen Lösungen und einem gesellschaftlichen Bewusstseinswandel auch neue Wirtschafts- und Gesellschaftskonzepte, die eine gerechte Umverteilung von Wohlstand, Macht und Eigentum ermöglichen. Diese Aufgaben sind komplex und nicht frei von Hürden, trotzdem sind sie machbar und werden bereits jetzt von verschiedenen Communitys auf der ganzen Welt gelebt. Wir können den Wandel sozial gerecht und umweltfreundlich verwirklichen, aber nur gemeinsam!

Vor drei Jahren zog ich mit meiner analogen Kamera durch die Welt, um herauszufinden, wie sich die Klimakrise aufhalten lässt. Ich traf dabei auf großherzige Andersdenker:innen sowie mutige Utopist:innen und stellte fest, dass schon heute alles da ist, was wir für die Transformation brauchen. Solutions möchte deshalb positive Utopien schaffen und alle Menschen an ihr innewohnendes Potenzial erinnern. Ohne dabei Anspruch auf Vollständigkeit zu erheben, ist Solutions eine Geste der Einladung. Auf den folgenden Seiten kannst du dich über innovative Lösungsansätze in den Bereichen Mobilität, Energie, Landwirtschaft, Bildung, Nachhaltiges Bauen, Biodiversität, Protest, Konsum, Sozialer Wandel und Kreislaufwirtschaft informieren. Ziel dieses Projektes ist es, eine neue, positive Verknüpfung zur Klimakrise zu erschaffen, denn in Hoffnung steckt viel mehr transformative Energie als in kollektiver Angst.

Um den Wandel in diesem Projekt selbst zu erproben, reiste ich fast ausschließlich mit Fahrrad, Bus und Bahn und machte dabei viele positive Erfahrungen. Ich spürte, was tiefe Solidarität bedeutet, denn ohne die Hilfe eines großartigen Teams, welches ehrenamtlich mit mir dieses Buch realisierte, wäre es nicht möglich gewesen. Besonderer Dank gebührt Jonas Wahmkow, Linda Loreen Loose, Clara Grunwald und Ina Friebe, die dem Buch mit ihren reflektierten Sichtweisen und ihrem großen Wortschatz noch mehr Ausdruck verliehen haben. Zudem standen sie mir ausdauernd mit gutem Rat zur Seite. Ich bin ebenfalls sehr beschenkt durch die Zusammenarbeit mit Judith Weber, die das Buch mit ihrer kreativen Gestaltung grafisch verschönert hat. Tommi Aittala und Dave Kim unterstützten das Projekt tatkräftig bei der englischen Übersetzung. Anja Frank half fleißig beim Lektorat auf Deutsch.

Auch ohne die vielen unermüdlichen Visionär:innen, die mir mit offenen Türen und Herzen begegneten, wäre Solutions ein schöner Gedanke geblieben. Jede einzelne Reise schaffte mehr Bewusstsein darüber, wie wichtig es ist, dass wir gemeinsam an einem Strang ziehen, um etwas zu erreichen. Ich fühle mich privilegiert, dass ich dieses Projekt verwirklichen durfte und bin mir bewusst, dass die Lösungsansätze nicht für jeden Menschen gleich umsetzbar sind. Aufgrund beschränkter Ressourcen sind die meisten portraitierten Projekte in Deutschland und Europa ansässig. Trotzdem haben wir die mutigen Menschen, die auch in Afrika, Asien, Amerika und Ozeanien gegen die Klimakrise kämpfen, nicht vergessen – und hoffen sie in einem späteren Projekt miteinbeziehen zu können.

Die Zeit zum Umdenken und Andershandeln ist dennoch gekommen! Und du bist herzlich eingeladen, Teil des Wandels zu werden und befindest dich mit diesem Buch schon jetzt auf dem Weg in eine ökologische und gerechte Zukunft.

Tina Eichner

The people who are creating a sustainable future already exist.

They reflect the wishes of many who want to save the earth from ultimate climate collapse and who desire a liveable future for all.

Blinded by the drive for economic growth, it is now time to acknowledge the resulting destruction of our planet and the exploitation of human labour. The future prospects look grim and many people are discouraged when faced with the great challenge before us.

There is much more transformative power in hope than in collective fear.

This book shows that there are many good reasons for hope, because in every crisis there is also an opportunity. Climate justice means more than just protecting nature, it also stands for global justice and international solidarity. To protect the climate successfully we need not only technical solutions and a transformation in public awareness but also new economic and social concepts, which enable a just redistribution of wealth, power and property. These tasks are complex and not free of hurdles, yet they are still achievable and are already lived by many communities around the world. We can achieve change that involves social justice and is environmentally friendly, but only if we do this together!

Three years ago, I travelled round the world with my analogue camera, to find out how the climate crisis might be stopped. On the way, I met generous people who think differently as well as courageous utopians and found out that everything we need for the transformation is already here today. Solutions therefore wishes to create positive utopias and remind each person of their inherent potential. Without suggesting it covers everything, Solutions is a form of invitation. Through the following pages you can inform yourself about innovative approaches in the fields of mobility, renewable energy, agriculture, education, sustainable building, protest, consumption, social change and waste management.

The aim of this project is to create a positive connection to the climate crisis, because there is much more transformative power in hope than in collective fear.

In order to put the transformation in this project to the test myself, I travelled almost exclusively by bike, bus and train, and had many positive experiences along the way. I felt what deep solidarity means, because this journey would not have been possible without the help of an amazing team, creating this book with me as unpaid volunteers. Special thanks are due to Jonas Wahmkow, Linda Loreen Loose, Clara Grunwald and Ina Friebe, whose thoughtful perspectives and ability to articulate these themes have given the book even greater expressive power. They were also always available to provide me with good advice. I am also very blessed by the collaboration with Judith Weber, who has embellished the book with her creative design. Tommi Aittala, Dave Kim and Ursula Lindenberg helped a great deal with the English translation. Anja Frank undertook the second proofreading in German diligently.

Furthermore, without the many tireless visionaries, who met me with open hearts and doors, Solutions would have remained a beautiful idea. Every single journey created a greater awareness of how important it is that we pull together to achieve a higher goal. I feel privileged to have been able to make this project a reality and I am aware that not everyone will be equally able to put these solutions into practice. Due to limited resources, most of the projects portrayed here are from Germany and Europe. Despite this, we have not forgotten about the brave people who continue to fight the climate crisis in Africa, Asia, America and Oceania – we hope to be able to include them in a later project. *Tina Eichner*

Biodiversity

Biodiversität

Eine der wichtigsten Grundlagen des Lebens auf der Erde ist die Vielfältigkeit. Im System des Lebens hat jede Art ihre spezifische Aufgabe und ist eng verwoben mit natürlichen Kreisläufen. Bodenorganismen beispielsweise lockern die Erde und reichern sie durch die Zersetzung von totem organischen Material mit Mineralstoffen und Humus an. Dadurch können Pflanzen wachsen, die wiederum Lebensraum und Nahrung für Tiere liefern. Dieses schützenswerte Gefüge ist für den Menschen von existenzieller Bedeutung. Sie scheint selbstverständlich zu sein, doch näher betrachtet, wirkt die Biodiversität wie ein gigantisches Netzwerk der puren, lebendigen Magie. Arten erzeugen Nahrungsmittel, Rohstoffe und Arzneien. Ökosysteme versorgen den Planeten mit sauberer Luft, reinem Wasser und fruchtbaren

Der Mensch braucht die Vielfalt der Natur und muss sie bewahren.

Böden. Kurz gesagt: der Mensch ist Teil dieser vielfältigen Natur und muss sie bewahren. Ökologen zufolge befinden wir uns im sechsten großen Artensterben. Die Fakten sind alarmierend, denn jede dritte Tier-, Pilz- oder Pflanzenart ist heute in ihrem Bestand bedroht. Unzählige Arten sind bereits unwiederbringlich verloren gegangen. Die Ursachen des anthropogen verursachten Massensterbens sind vielseitig. Um den Wachstumshunger unserer kapitalistischen Wirtschaftsweise zu stillen, müssen immer neue Flächen und Abbaugebiete erschlossen werden. Einst artenreiche Lebensräume werden durch industrielle Landwirtschaft, Bergbau und Siedlungsbau zerstört. Unsere gesamte Biosphäre ist an einem kritischen Punkt durch den überdimensionalen Einsatz giftiger Chemikalien.

Auch der Klimawandel gefährdet die Biodiversität. Die steigenden Temperaturen schädigen besonders Ökosysteme wie Korallenriffe, Mangroven- und Tropenwälder. Der Meeresspiegel steigt in Folge der Klimakrise, tiefliegende Regionen und Küstengebiete versinken bereits jetzt im Meer. Die Abfolgen von Regen- und Trockenzeiten geraten zusehends aus dem Rhythmus. Niederschläge, die früher über das Jahr verteilt

fielen, fallen heute in sehr kurzen Zeitspannen geballt und schädigen unsere Flora und Fauna. Der Klimawandel und die schwindende Biodiversität hängen eng miteinander zusammen und müssen folglich auch zusammen gelöst werden. Eine hohe Biodiversität ist das wichtigste Überlebensprinzip der Natur, es erzeugt Stabilität. Ökosysteme können dadurch besser mit Störungen wie Klimaveränderungen, Krankheiten oder Schädlingen umgehen. Außerdem wirkt sich eine hohe biologische Vielfalt positiv auf das Klima aus. So können besonders artenreiche Wälder etwa doppelt so viel Kohlenstoff speichern wie Monokulturwälder.

Um den Klimawandel zu bekämpfen, ist es daher wichtig, die Biodiversität zu erhalten. Zum einen muss die Zerstörung artenreicher Lebensräume gestoppt werden. Zum anderen gibt es auch viele Wege, die Artenvielfalt in Kulturlandschaften zu erhöhen. Strengere politische Regulierungen in Industrie und Landwirtschaft sind dabei besonders wichtig. Aber auch Schutzmaßnahmen wie ein Verbot von Pflanzenschutzmitteln in Naturschutzgebieten oder das Senken des Flächenverbrauches durch Siedlungsbau und Verkehrswege bewirken bereits viel. Investitionen in Forschung und Ökolandbau sind dringend notwenig. Sie würden einen schnelleren Umbau der Landwirtschaft ermöglichen. An Gewässern und zwischen Feldern könnten Schutzstreifen eingeführt werden als einfaches Mittel, um den Lebensraum vieler Kleinstlebewesen zu bewahren. Wenn die Politik nicht schnell genug und ausreichend handelt, ist es erforderlich, dass die Bevölkerung aktiv wird. Die Forderungen nach mehr Umweltschutzmaßnahmen müssen Priorität haben und beispielsweise in Form von Protest auf die Straße getragen werden.

Wer selbst tätig werden möchte, kann viele einfache Maßnahmen in seinen Alltag integrieren. Eine biologische und regionale Ernährung unterstützt eine Landwirtschaft, die Nahrungsmittel umweltschonend produziert, vermeidet die Produktion von unnötigen Treibhausgasen und ermöglicht eine artgerechtere Tierhaltung. Im eigenen Garten oder auf dem Balkon hilft der Anbau insektenfreundlicher Pflanzen, um den Bestand zu stabilisieren. Um die Klimakrise zu stoppen und politische Änderungen zu bewirken müssen wir jedoch alle aktiv werden. *TE*

Diversity is one of the most important foundations of all life on earth. Every species has its own unique function in a closely interwoven ecosystem. For example, soil-dwelling organisms loosen the soil and provide minerals and humus by processing dead organic material. Plants are therefore able to grow, offering habitat and nourishment for animals. This structure is essential for humanity and worthy of protection. It seems obvious, but biodiversity acts as a giant network with many parts. Species produce nutrition, resources and medicine. Ecosystems provide the planet with clean air, pure water and fertile soil. In short: Humans need the diversity of nature and therefore we need to protect it. According to ecologists, we are in the midst of a sixth mass extinction. The facts are alarming: a third of the wildlife, plant and fungi population is endangered. Countless species have already gone extinct and are lost forever. The reasons for this mass extinction caused by humanity are diverse. New areas and extraction sites are utilized by a hungry capitalistic economy, always seeking growth. Habitats once rich in biodiversity are destroyed by industrial agriculture, the mining industry and housing developments. Furthermore, the entire ecosphere of the planet is in a critical condition due to the massive use of harmful chemicals.

Climate change is another major driver degrading biodiversity. Rising temperatures are particularly harmful to ecosystems like coral reefs, mangrove forests and tropical woods. The accelerating climate crisis is causing sea levels to rise, and lowland areas and coastal regions are already sinking into the ocean. The chronology of wet seasons, also known as the rainy seasons, and dry seasons are being altered and shifted completely out of balance. Rainfall that was once benevolently distributed throughout the year now descends as torrential downpours damaging flora and fauna, and eroding precious soil. Climate change has a direct correlation to biodiversity and therefore need to be addressed simultaneously. It is the most important concept of survival for nature to have a high biodiversity, as this creates stability. Ecosystems with rich biodiversity can react better to problems such as climate change, diseases and parasites. A large variation of species have positive effects on the climate. Forests with diverse flora and fauna are able to store twice the amount of carbon dioxide as monoculture forests.

Humans need the diversity of nature and therefore we need to protect it.

To fight climate crisis we need to achieve biodiversity and must stop the destruction of habitats rich in diversity. Stricter political regulations in agriculture and industry will help to increase diversity in cultural landscapes. Protective measures like the prohibition of pesticides in nature reserves, or minimising the land usage for housing and transport infrastructure have already proven highly effective. Investments in science and green agriculture are urgently needed and would enable a faster transition to sustainable agriculture. Habitats of small animals and insects can be protected by the simple measure of providing protective strips between fields and around water bodies. If politicians fail to act with sufficient urgency, public participation is required to prompt them to take this matter seriously and understand the true gravity of the current situation. Demanding more environmental protection must be a priority, and if necessary, taken onto the streets in public protests.

Anyone wishing to take action themselves can integrate a lot of easy measures into their everyday life. A diet based on organic and locally produced food supports farming that uses environmentally friendly methods of producing food, avoids the release of unnecessary greenhouse gas emissions and enables species-appropriate animal husbandry. The cultivation of insect-friendly plants in the garden or on balconies helps stabilise stocks. In order to stop the climate crisis and to produce political change, however, we all need to become active together. *TE*

Bergwaldprojekt

Menschen in den Wald bringen, um ihn zu schützen – das war die simple Idee von Wolfgang Lohbeck (*Greenpeace Deutschland*) und dem Schweizer Förster Renato Ruf. Sie kam ihnen Mitte der 80er Jahre, als die Debatte um das Waldsterben ihren Höhepunkt erreichte. Sie gründeten das *Bergwaldprojekt* von Greenpeace, um beschädigte Wälder zu stabilisieren und mehr Verständnis für die Wälder zu erreichen. Die erste Aktion fand 1987 im schweizerischen Kanton Graubünden statt. 1991 wurde das Bergwaldprojekt eine unabhängige Organisation mit der Stiftung Bergwaldprojekt in der Schweiz und 1993 dem Verein Bergwaldprojekt e.V. in Deutschland. Seitdem hat sich das Bergwaldprojekt beachtlich entwickelt: 40.000 Freiwillige haben in sechs Ländern unter anderem Bäume gepflanzt, in Deutschland bisher über drei Millionen Stück an knapp 60 Standorten. Durch das fachgerechte und sorgfältige pflanzen kommen etwa 97 % der Bäume durch. Der Fokus liegt längst nicht mehr nur auf Bergwäldern: Das Bergwaldprojekt pflegt auch Biotope, renaturiert Bäche, saniert Schutzwälder und führt Moorwiedervernässungen durch.

Der Ablauf der einzelnen Projektwochen ist immer ähnlich. Etwa 20 bis 25 Freiwillige kommen zusammen, um sich eine Woche lang für den Schutz und Erhalt verschiedener Ökosysteme zu engagieren. Vor der Projektwoche gibt es Absprachen mit den lokalen Förster:innen oder Nationalparkranger:innen, um nur ökologisch sinnvolle Maßnahmen durchzuführen. Dabei wird auf Biodiversität geachtet. So forsten die Projekt-Teilnehmer:innen etwa Fichtenmonokulturen mit Laubbäumen auf. »Es hat viele Vorteile, warum man einen Mischwald haben möchte«, erklärt Projektleiter Sebastian Hiekisch. »Im Idealfall musst du nie wieder etwas machen, weil sich die Bäume selbst verjüngen.« Gepflanzt werden nur endemische[1] Baumarten.

Die Ehrenamtlichen benötigen keine Vorkenntnisse – nur den Willen, eine Woche lang etwas auf Komfort zu verzichten. Die Unterbringung erfolgt in einfachen Hütten, manchmal auch in Zeltlagern. Mittags wird über der Feuerstelle im Wald gekocht, abends bereiten Köch:innen des Vereins möglichst regionales, saisonales und vegetarisches Bio-Essen zu. Jeweils ein:e Förster:in oder Landschaftsökolog:in begleitet das Team als Projektleiter:in; hinzukommen geschulte, ehrenamtliche Gruppenleiter:innen. Die Freiwilligen unterstützen damit die Arbeit der Förster:innen, in deren Reviere es häufig an Waldarbeiter:innen mangelt.

Das Bergwaldprojekt möchte nicht nur Ökosysteme stabilisieren, sondern auch die Teilnehmer:innen für den Naturschutz sensibilisieren. »Über das Arbeiten im Wald kommen die Leute wieder näher an die Natur ran«, bestätigt Anne Range vom Bergwaldprojekt. »Sie sehen, wie es dem Wald geht und erfahren etwas über die Ökosysteme. Im besten Fall gehen die Leute dann nach Hause und verändern etwas in ihrem Alltag.«

Neben den normalen Einsatzwochen finden auch Familienwochen, integrative Aktionen für Menschen mit Behinderungen oder geflüchtete Menschen sowie eintägige Pflanzaktionen statt wie hier in Ludwigsfelde. Zum ersten Mal waren so viele Freiwillige wie noch nie gemeinsam im Einsatz: 200 Menschen, vom Kind bis zur Rentner:in, pflanzten 3000 Bäume. Die Resonanz der Teilnehmer:innen ist durchweg positiv. »Es kommen sehr viele wieder. 50 % sind Wiederholungstäter«, schmunzelt Hiekisch. »Ich habe Spannendes und Informatives gelernt, ich habe mich körperlich betätigt, ich habe etwas Gutes draußen getan – es sind ganz vielfältige Sachen, die die Leute mitnehmen. Außer Muskelkater!« *IF*

---

1   Endemisch (Biologie) bedeutet: ausschließlich in einem bestimmten Gebiet vorkommend

Bringing people into the forest in order to protect it was the simple idea of Wolfgang Lohbeck (*Greenpeace Germany*) and Swiss forester Renato Ruf in the mid 1980s, when the debate about dying forests was at its peak. They founded the »Bergwaldprojekt« (Mountain forest project) with Greenpeace to restabilize damaged woodland and gain a better understanding about the ecosystem. The first action took place in 1987 in the Swiss canton of Graubünden. In 1991, Bergwaldprojekt became an independent organisation with a foundation in Switzerland and in 1993 an association, Bergwaldprojekt e.V., in Germany. Since than, Bergwaldprojekt has had an impressive evolution: 40,000 volunteers have planted trees (among other things) in six countries - in Germany alone, over three million trees were planted in around 60 locations. Through expert and careful planting, about 97% of these trees survived. For a long time now, the focus has extended beyond mountain forests. Bergwaldprojekt also takes care of habitats, renatures streams, regenerates protective forests and rehydrates high moorlands.

The schedules of individual project schemes are very similar. About 20-25 volunteers come together for a week to plant trees or engage in the protection and preservation of different ecosystems. Meetings with local foresters or national park rangers ahead of action weeks take place to ensure ecologically useful measures are carried out. During these meetings, the focus lies on biodiversity. Participants support the regeneration of the forest by planting deciduous trees. »There are many benefits, as to why you might want to have a mixed forest«, says project manager Sebastian Hiekisch. »In the ideal case you would never have to intervene again, because the trees rejuvenate themselves.« Only endemic[1] tree species are planted.

The volunteers do not need to have prior knowledge, only a willingness to do without comforts for a week. Accommodation comprises simple cabins, or sometimes a tent. Lunch is cooked on an open fire. In the evenings, chefs from the association prepare local, seasonal and vegetarian organic food. One forester or landscape ecologist accompanies each team as a project manager and trained volunteer group leaders also take part. Volunteers support the work of the foresters, in a sector which often faces a shortage of workers.

The association not only wants to stabilize ecosystems through the Bergwaldprojekt, but also to raise awareness among the participants around nature conservation. »By working in the woods, people become closer to nature again«, confirms Anne Range from Bergwaldprojekt. »They see the conditions of the forest and learn about ecosystems. In the best cases, people change something in their everyday lives, when they return home.«

Alongside the normal action weeks, there are also family-friendly and integrative activities for people with disabilities and refugees, as well as one-day planting programmes such as the one in Ludwigsfelde. For the first time, a huge group of volunteers worked together: 200 people, ranging from young children up to pensioners, planted 3000 trees. The responses of the participants were largely positive. »A lot of them return. About 50% are repeat offenders«, says Hiekisch with a grin. »I have learned exciting and informative things, I moved my body, I did something good outside — there are many different things that people take home from it. Apart from sore muscles!« *IF*

1   endemic (biology) means: belonging or native to a particular area

2

3

4

1 Patricia mit der Wiedehopfhaue
Patricia with the planting hoe

2 Fedane beim Wurzelschnitt
Fedane cutting the roots

3 Freiwillige drücken den Boden fest
Volunteers pressing down the soil

4 Klaus mit Wiedehopfhaue
Klaus with the planting hoe

1 Anke mit Baumsetzling
  Anke with a sapling

2 Alice und Roberta beim Baum pflanzen
  Alice and Roberta planting a tree

3 Junge Freiwillige hebt ein Pflanzloch aus
  Young Volunteer preparing for planting

4 Freiwillige mit den Baumsetzlingen
  Volunteers with saplings

2

3

4

5

agriculture

Landwirtschaft

Europas Landwirtschaft ist so vielfältig wie die Kulturen seiner Länder. Rund 40% der Böden werden agrarwirtschaftlich genutzt und damit nehmen wir maßgeblich Einfluss auf unsere Umwelt.

Ein Wirtschaftssektor, der die Landschaft in diesem Maße gestaltet, ist eng mit dem (Habitat-)Schutz anderer Lebewesen wie Insekten, Vögel und auch sauberem Wasser verwoben.

Ein Wirtschaftssektor, der die Landschaft in diesem Maße gestaltet, ist eng mit dem (Habitat-) Schutz anderer Lebewesen wie Insekten, Vögel und auch sauberem Wasser verwoben. Doch dieser Co-Abhängigkeit wird so gut wie keine Bedeutung beigemessen, in einer auf Wirtschaftswachstum getrimmten, kapitalistischen Welt, die immer noch zu sehr nach Profiten strebt.

Europa betreibt eine gemeinsame Agrarpolitik, die sich vor über 60 Jahren gründete. Die Landwirtschaft des zerrütteten Nachkriegseuropas war jedoch mit ganz anderen Problemen konfrontiert als die heutige Agrarkultur. Damals lag die Priorität auf der Ernährung des Volkes, die Lebensmittelproduktion musste sich schlicht möglichst günstig multiplizieren. Trotz des schnellen Erfolges dieser Strategie wurde der Zielkatalog niemals den Herausforderungen des 21. Jahrhunderts angepasst. Europa produziert seit vielen Jahren mehr Nahrung als nötig, auf Kosten unserer Umwelt.

Billige, durch Monokulturen erzeugte Lebensmittel, Energiepflanzen (z.B. Mais) und Futtermittel für die Fleischproduktion degradieren die Dynamik unserer Böden. Überdüngung und der Einsatz zahlreicher Chemikalien haben vielfältige Auswirkungen auf unsere Gewässer und Ökosysteme.

Viele Arten sterben durch eine zu hohe Pflanzenschutzmittelbelastung, z.B. durch Pestizide, aus. Der flächendeckende Einsatz von Herbiziden verursacht das Verschwinden von sogenannten »Unkräutern«. Die giftigen Chemikalien vernichten dabei nicht nur die Schädlinge, sondern auch Nahrungsgrundlage und Schutzräume zahlreicher Lebewesen. Zudem lagern sich hohe Konzentrationen an Schadstoffen sowohl in Ökosystemen als auch direkt in den Organismen an und machen sie anfälliger für Stress und Krankheiten.

Jede Art braucht bestimmte Bedingungen in ihrem Lebensraum, um zu existieren. Jedoch geht die Vielfalt unserer Landschaft aufgrund einer immer einheitlicheren Landwirtschaft verloren und mit ihr die Biodiversität. Das Insektensterben zieht eine kausale Kette mit sich, denn Insekten sind das Fundament eines gesunden Ökosystems. Mit ihrem Verschwinden gehen wichtige Pflanzenbestäuber verloren und gleichzeitig die Nahrungsquelle von zahlreichen Arten wie Fischen, Eidechsen, Fröschen, Vögeln und Säugetieren.

Die industrielle Nutztierhaltung ist eines der größten Verbrechen der Menschheit. Die extreme Ressourcenverschwendung schadet der Umwelt und Mitgeschöpfe müssen unter qualvollen Bedingungen leben. Mastschweine in Käfigen, so eng, dass sie sich nicht drehen und ihre Beine im Liegen ausstrecken können. Hochleistungsmilchkühe, die anstelle der üblichen 8-10L durch Zucht und Kraftfutter 40-50L Milch am Tag produzie-

Grund für diese tragische Entwicklung sind die niedrigen Lebensmittelpreise, die die Erzeuger:innen zu solch ausbeuterischem Verhalten treiben, sowie eine Politik, die diese Produktionsweisen noch unterstützt.

ren sollen, leben unter Dauerstress und werden krank. Dies sind nur einige Beispiele auf einer langen Liste, denn mittlerweile ist die Missachtung von geltendem Tierschutzrecht zum Standard geworden.

Grund für diese Entwicklung sind die niedrigen Lebensmittelpreise, die die Erzeuger:innen zu solch ausbeuterischem Verhalten treiben, sowie eine Politik, die diese Produktionsweisen noch unterstützt. Würde beispielsweise geltendes Tierrecht politisch umgesetzt werden, so wäre auch ein würdiges Leben für zahlreiche Nutztiere möglich.

Konsument:innen möchten billig einkaufen und übersehen dabei die Mehrdimensionalität dieses Problems, der Produktherkunft und Erzeugung. Denn Folgekosten wie Grundwasserreinigung und Bodenaufbereitung stehen nicht mit auf dem Kassenzettel. Eine Rechnung, für die vor allem nachfolgende Generationen aufkommen müssen.

Junge Verbraucher:innen legen immer mehr Wert auf Frische und Regionalität. Trotzdem ist vielen Konsument:innen Bioware aufgrund der gewohnten Tiefpreise immer noch zu teuer. Europa könnte es sich leisten, seine Lebensmittel wieder mehr wertzuschätzen. Eine Möglichkeit der Honorierung wäre die Bezahlung von Landwirt:innen für Ökosystemdienstleistungen. Der Anbau von Mischkulturen fördert beispielsweise die Biodiversität. Durch Kompostierung wird der Boden wieder aufbereitet und mit Nährstoffen angereichert. Seine Fähigkeit, Wasser zu halten sowie Treibhausgase zu binden, würde wieder zunehmen.

Höhere Preise würden eine artgerechtere Tierhaltung ermöglichen, das Leiden der Tiere könnte ein Ende haben. Die Verbraucher:innen würden dabei nicht nur den Zustand der Umwelt verbessern, sondern auch die eigene Gesundheit fördern und eine lebensfähige Zukunft für nachfolgende Generationen gestalten. *TE*

Agriculture in Europe is as diverse as the cultures of its countries. About 40% of the soil is used for farming, which is why we have a significant impact on our environment. This economic sector that utilizes such a large part of our landscape is also closely interwoven with habitat protection of other creatures such as insects, local fauna and connected to clean water as well. In a capitalistic world focused on economic growth and profit, however, this co-dependence is almost entirely devalued.

Europe is governed by the Common Agriculture Policy (CAP), which had its foundation laid over 60 years ago. The agriculture of a shattered post-war Europe faced entirely different issues from today. Back then feeding the population was the top priority. To solve that issue, food production had to grow and be as cost-effective as possible. Despite the rapid success of this strategy, the goals have never been appropriately adjusted to the challenges of the 21st century. For years, Europe has been producing more food than is needed and nature is paying a high price for it.

This economic sector that utilizes such a large part of our landscape, is also tightly interwoven with habitat protection of other creatures such as insects, local fauna and connected to clean water as well.

Cheap and often mono-culturally produced feed for animals in meat production, energy crops (such as maize) and foodstuffs are degrading soil dynamics. Overfertilization and the use of numerous toxic chemicals have multiple impacts on our water bodies and ecosystems. Species are dying out because of pesticides. The extensive use of herbicides is causing the disappearance of weeds, as a result of which not only parasites are destroyed, but insects and birds lose their living space and food sources. High concentrations of these poisons accumulate in our ecosystems and organisms, making them vulnerable to stress factors and disease.

Every species needs certain conditions to exist. Biodiversity and diverse landscapes are disappearing because of the ever increasing homogeneity of agriculture. The death of our insects leads to a causal chain, because insects are fundamental for a healthy ecosystem. This causes the loss of important pollinators. While numerous species including fish, lizards, frogs, birds and mammals lose their food sources and their numbers also decrease as a result.

Industrial scale livestock farming is one of the greatest crimes of humanity. The extreme waste of resources damages our environment and the animals concerned have to suffer agonizing living conditions, such as fattening pigs in cages so narrow that they are not able to turn around or stretch their legs while lying down. Milk cows

Reasons for this tragic development is the trend of low food prices, which force the farmers to use such exploitative practices. There are even political policies in place that support these production methods.

bred as »high performance« livestock are fed with concentrate and forced to produce up to 40-50L of milk each day, instead of the regular 8-10L. They experience permanent stress and ill-health. These are only a few from a long list of examples, since a disregard of animal welfare has become the norm.

The reason for this tragic development is the trend towards low food prices, which force farmers to use such exploitative practices. There are even political policies in place that support such production methods. If animal rights received a higher political priority, farm animals would be able to lead decent and dignified lives. Consumer want cheap products, but overlooks the multi-dimensional problems that begin with the very origins of the product and continue all the way through the manufacturing process. Resulting costs like groundwater purification and soil structure restoration do not appear on a sales receipt. In many cases, later generations will have to pay the bill.

Young consumers care more and more about freshness and regional products. But the cost of organic food is still seen as too expensive by many consumers, especially those who have become used to low prices. Europe could allow itself to value food production more highly. One possibility would be to provide financial support to organic farmers in return for their ecosystem services. The cultivation of diverse crops for example supports biodiversity. Through composting, the soil rebuilds and is provided with nutrients. Its capacity to hold water and to bind greenhouse gases would increase.

Higher prices would make a species-appropriate animal husbandry possible and the suffering of these animals could come to an end. Consumers would not only improve our environment, but would also improve their own health and create a viable future for subsequent generations. *TE*

Finca Luz Serena

Seit dem Frühling 2016 heißen Michael und Yasmín permakulturell Interessierte auf ihrer *Finca Luz Serena* (auf deutsch: Garten der Ruhe und des Lichtes) willkommen. Sie befindet sich in Bajamar, dem Nordosten Teneriffas. Die beeindruckenden Anaga-Berge erscheinen im Hintergund des Projektes, welches drei Minuten zu Fuß von der Küste entfernt liegt. Der Garten ist gleichzeitig ein Bildungszentrum, in dem gelehrt wird, wie das Leben im Einklang mit der Natur gelingt. Nach den Vorstellungen des umweltbewussten Paares soll die Finca irgendwann zu einer kleinen Gemeinde heranwachsen.

Das Gelände, auf dem sich die Permakulturfarm befindet, war zuvor stark zerstört, da es als Müllhalde und Parkplatz genutzt wurde, sodass die ersten sechs Monate nach Projektbeginn zunächst eine große Räumung anstand. Michael und Yasmín gründeten die NGO *Die Schule des kreativen Bewusstseins*. Seit 2007 befand sich das Paar auf dem Weg, die Transformation des konventionellen Anbaus hin zur Permakultur zu realisieren. Auch in den Bereichen der erneuerbaren Energien und Agroforstwirtschaft haben sie eine breite Palette an Expertise angesammelt, um global skalierte Lösungen zur Herstellung des Gleichgewichts der Erde zu leben.

Das nachhaltige Konzept der Permakultur will die Schaffung von autarken, lebendigen Ökosystemen, die im harmonischen Einklang mit der Natur unter möglichst geringem humanen Einfluss gedeihen. Durch pflanzliche Synergien wird ein möglichst nahes Abbild der Natur (wieder) erschaffen und eine bessere Nahrungsmittelversorgung durch höhere Erträge gewährleistet, zum Beispiel durch die Ergänzungswirkung und Schädlingsabwehr durch die Pflanzung von Knoblauch neben Erdbeeren.

Als ein ökologisches, harmonisierendes Wirkungsfeld nutzt die Finca sogenannte *Flowforms*. Diese mannigfaltig geformten Wasserkaskaden sorgen für eine Sensibilisierung für den möglichst naturnahen Umgang mit Wasser und eine meditativ-therapeutische Beruhigungswirkung. Als eine Ausprägung ihrer langfristig-ökologischen Denkweise für die nächsten Generationen wird ständig neu bedacht, wie Ökosysteme noch langlebiger gestaltet werden können. Ein Beispiel

dafür ist die achtsame Beobachtung und demütige Wissensaufnahme der natürlichen Vielfalt.

Eine integrative und natürliche, ko-existenzielle Lebensweise wird von allen Einwohner:innen des ökologischen Projektes verfolgt. Zum Weiterdenken lädt das dorfeigene Wissenszentrum ein, welches mit modernsten biokonstruktiven und heiligen Geometrietechniken (unter anderem einem Mandala-Garten) errichtet wurde und fortlaufend die Innovation der Agrarökologie untersucht. Die Weisheit der Natur sowie die Regeneration des Landes stehen dabei im Vordergrund der reichhaltigen Vision der Finca Luz Serena und ziehen viele Freiwillige aus aller Welt zum Kompostieren, zur Wasseraufbereitung oder zum strategischen Mitkoordinieren an. Auf Solidarität und Kooperationsbereitschaft fußend, wird ein therapeutisch-pädagogisches Zentrum aufgebaut, gemeinsam ein Naturprodukte- und Kunsthandwerkskonzept entwickelt, Yoga praktiziert sowie sich in der Jurte getroffen. Die multikulturelle und mehrsprachige Einrichtung bietet sogar Stipendien für finanziell Unterprivilegierte an.

Der Unterschied zur kommerziellen Landwirtschaft ist: Es gibt eine fundamental andere Ethik. Die Permakultur will nicht die höchsten Erträge aus der Natur gewinnen, sondern permanent mit der Natur arbeiten. Es geht um stabile Ökosysteme, die durch Symbiosen und eine hohe Biodiversität stabilisiert sind. Die konventionelle Landwirtschaft ist abhängig von Düngemitteln und kämpft dennoch mit Nährstoffmangel. Eine permakulturelle Karotte aber ist durch die Kooperation eines ganzen Ökosystems gewachsen und gereift – das ist eine ganz andere Qualität des Lebensmittels. Es geht dabei auch um die innere, persönliche Heilung jedes Einzelnen. »Ich fühle, wir sind auf dem richtigen Weg – in unserer Oase, die floriert«, sagt Projektleiterin Yasmín stolz. *LL*

Michael and Yasmín have been welcoming permaculture fans to their *Finca Luz Serena* (English: Serene Light Gardens) in Bajamar, in the Northeast of Tenerife since spring 2016. The Anaga Mountains form an stunning background to the project, situated 3 minutes from the coast.

It is an educational centre for sustainable living and may eventually become a little community. The site was previously highly degraded from having been used as a landfill and parking lot, which meant the first 6 months of the project involved large-scale clearance of the site. The two eco-enthusiasts founded an NGO, *The School of Creative Consciousness* and since 2007, the couple have taken a journey full of experiences together, from transformation to permaculture, renewable energy and agroforestry, living out their purpose for global-scale solutions for earth balance.

The sustainable concept of permaculture means the creation of self-sufficient, living eco-systems that thrive in harmony with nature. Plant synergies create the closest possible reconstruction of nature, guaranteeing improved food supply through higher yields.

As part of the ecological, harmonizing approach, the finca uses so-called *flowforms*. These multiform water cascades promote awareness of the most natural types of water management and are also intended to have a calming presence. These garden elements are a material expression of long-term ecological thinking for the next seven generations, as practised by many indigenous people. There is constant exploration of how ecosystems can be made more resilient, e.g.

through careful observation and profoundly nature inspired understanding of diversity.

An integrative and eco-friendly way of life is pursued by all residents of the ecological project. The wisdom of nature and the regeneration of landscape are at the foreground of the rich vision of Finca Luz Serena and attract many volunteers from all over the world to take part in composting, strategic development or operational water treatment. Rooted in harmony and willingness to cooperate, a therapeutic teaching centre was built, natural products and crafts were developed together, and yoga practiced in the yurt. The multicultural and multilingual institution even offers scholarships.

The difference to commercial farming consists of a fundamentally different ethic. Permaculture does not wisk to gain the highest yields from nature, but rather works permanently with nature. It focuses on fertile ecosystems stabilized by symbioses and high biodiversity. Conventional agriculture depends on fertilizers and has to continually fight with nutrient deficiencies. In contrast, a permaculture carrot has grown and matured through the cooperation of an entire ecosystem; that is a very different and powerful quality of food. »I feel we are on the right path - in our oasis that is thriving.« says Yasmín proudly. *LL*

1

1 Wissensvermittlung beim Rundgang
Sharing knowledge during a tour

2 Michael erklärt Konstruktionstech-
nik mit Bambus »CanyaViva«
Michael explains bamboo construction »CanyaViva«

3 Rundgang mit Interessierten
Tour with supporters

4 Fahrradwaschmaschine
Bicycle washing machine

1

2

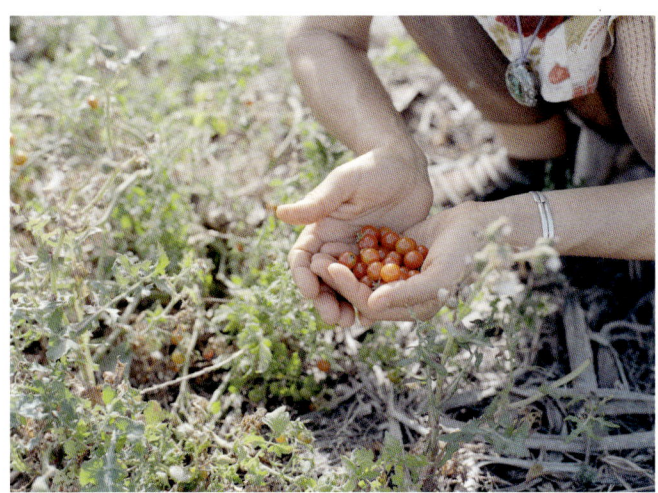

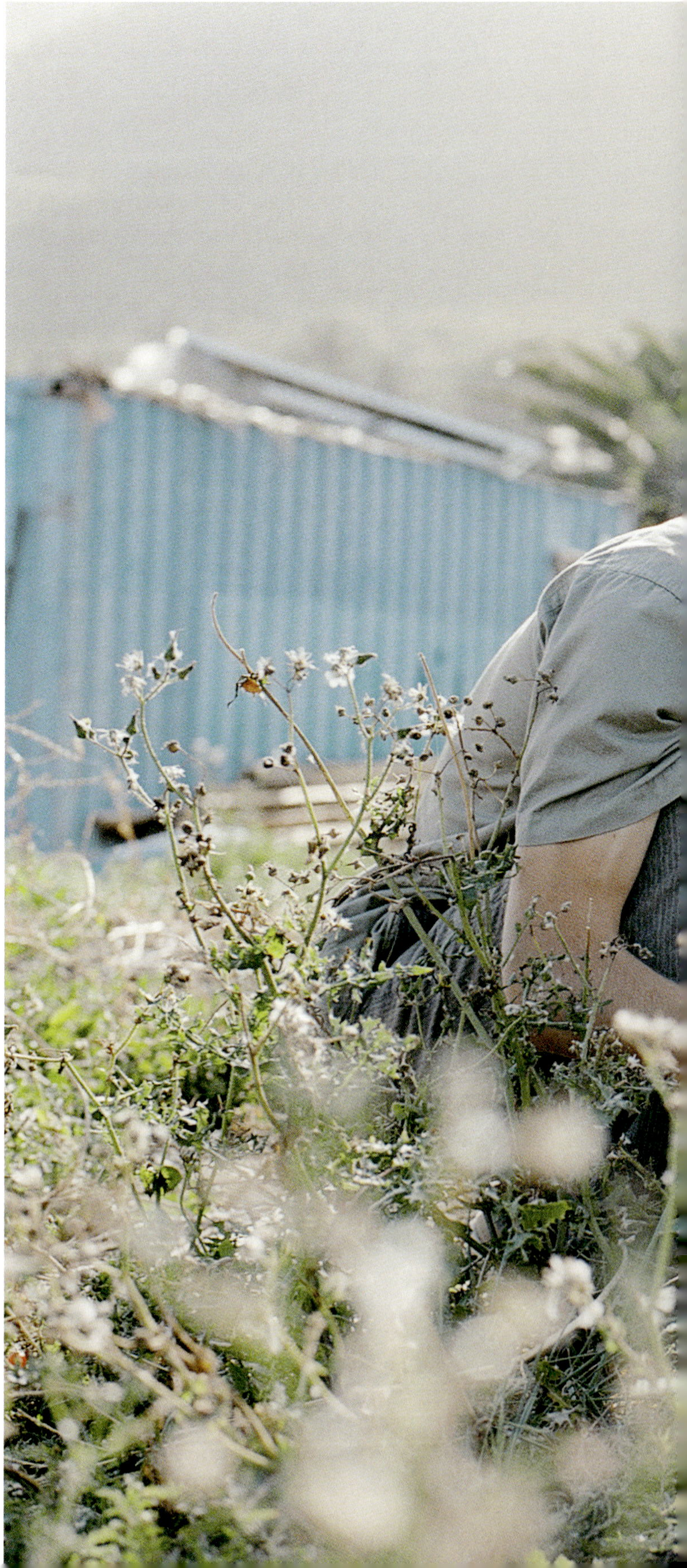

1 Mini-Tomatenernte
Harvesting small tomatoes

2 Michael und Yasmín bei der Ernte
Michael and Yasmín harvesting

Miscanthus x *giganteus*

Es schimmert in einem sandigen Farbton mit dezent melierten Strukturen: das Graspapier der landwirtschaftlichen Fakultät Bonn. Doch das ist längst nicht alles, was auf dem innovativen *Universitätscampus Klein Altendorf* zu bestaunen ist. Neben der Produktion umweltfreundlicher Papier- und Verpackungsalternativen wird hier erforscht, wie die nachhaltige Landwirtschaft von morgen aussehen könnte.

Der Campus, der sich aus verschiedenen Lehr- und Forschungsstationen sowie dem *Kompetenzzentrum Gartenbau* und umliegenden *Freilandlaboren* zusammensetzt, ermöglicht die interdisziplinäre Forschung mit Fokus auf Nachhaltigkeit. Neuartige Technologien wie innovative Überdachungssysteme, die auf Klimaveränderungen reagieren, werden für die Öffentlichkeit sichtbar und können hier im Maßstab von 1:1 erprobt werden. Hochsensible Sensorsysteme werden in den Gewächshäusern getestet. Diese beobachten die Pflanzen ganz genau und können feststellen, wie die Kulturen auf veränderte Wachstumsfaktoren wie unterschiedliche Klimabedingungen oder neue Düngemittel reagieren.

Eine Pflanze, die dabei immer wieder im Mittelpunkt der Forschung steht, ist das asiatische Schilfgewächs *Miscanthus x giganteus*. Der unscheinbare, schnell nachwachsende Rohstoff ist ein wahrer Alleskönner. Als Beimischung in der Biogasanlage dient das Schilf aufgrund seines hohen Brennwertes als lukrativer Energielieferant.

Dank seiner diversen Materialeigenschaften findet das Schilfgewächs auch als Baumaterial Anwendung. Auf dem Forschungs- und Produktionscampus wird das Gewächs beispielsweise zu Dämmplatten verarbeitet. Doch damit noch nicht genug. Die Pflanze ist sehr nährstoffreich und hat die Eigenschaft, all ihre Nährstoffe im Winter in die Wurzeln zu verlagern. Diese Tatsache sowie die Fähigkeit, Wasser zu binden, machten sich die Forscher:innen der Uni zunutze und erzeugten aus den Schilfwurzeln einen nachhaltigen Torfersatz. Normalerweise wird Torf aus Hochmooren gewonnen, also aus Jahrhunderte alten artenreichen Lebensräumen, welche dafür zerstört werden müssen.

Fernab im Atlantik, auf der kleinen kanarischen Insel El Hierro, kultiviert der Biologe Dr. Michal Mos das Wunderschilf aus einem weiteren Grund. Die Pflanze ist im Anbau nahezu anspruchslos; sie wächst sogar auf verarmten und vergifteten Böden und versorgt diese nach und nach wieder mit Nährstoffen und Biomasse. Das Schilfgras ist somit in der Lage, verunreinigte oder durch landwirtschaftliche Monokulturen zerstörte Böden wieder zu revitalisieren. Auch Klimaveränderungen sind für das robuste Gewächs weitgehend ungefährlich. Eine mehrjährige Kultivierung der Pflanze erhöht sogar die Kapazität des Bodens, Kohlenstoff zu binden. Das macht sich der Miscanthus-Experte auf seiner eigenen Farm zunutze und erschafft in der Wüstenlandschaft der Kanaren wieder fruchtbares Land. Nebenbei schützt die Pflanze den kargen Wüstenboden vor Erosion und bietet Lebensraum für tausende von Insekten und Kleinstlebewesen.

Auf die Frage, ob Miscanthus x giganteus im Kampf gegen die Klimakrise helfen könne, antwortete der besonnene Michal Mos: »Auf jeden Fall, in vielerlei Hinsicht. Heutzutage müssen wir alle Karten ausspielen, die wir haben, um eine nachhaltige Landwirtschaft zu ermöglichen. Miscanthus x giganteus ist dabei eine Option, um die durch unsere derzeitige Agrarindustrie verarmten Böden wiederaufzubauen. Gleichzeitig bietet die Pflanze für Landwirte ein stabiles Einkommen und ist ein weiterer wichtiger Schritt in Richtung einer nachhaltigen Wirtschaft.« *TE*

The grasspaper produced at the agriculture faculty at Bonn University has a shimmering quality and sandy tone with subtle flecks of colour. However there is much more to admire, at the innovative *Klein Altendorf University Campus*. Alongside the production of paper and packaging alternatives, researchers look at what a sustainable agriculture of tomorrow could look like.

The campus, which consists of different learning and research units, the *Horticulture Centre* and surrounding *open air laboratories*, makes interdisciplinary research, with focus on sustainability, possible. New technologies, like innovative roofing systems which react to changes in the climate, are open to the public and can be tested on a scale of 1:1. Highly sensitive sensors are tested in the greenhouse, which precisely analyze the plants, while trying to figure out how they react to different growth factors like various climatic conditions, or to diverse fertilizers.

A perennial plant at the centre of the research programme is the Asian cane *Miscanthus x giganteus*. This inconspicuous, quickly renewable resource is truly an all-rounder. As an admixture in biogas plants, the cane works as a profitable energy deliverer, due to its high energy density. Thanks to its diverse material properties, the cane can also be used as a building material. At the research and production campus, the plant is processed into insulation panels among other things. And that is not all: Miscanthus x giganteus is very rich in nutrients and has the property of storing all its nutrients within the roots in winter. Researchers at the university have utilized this fact, as well as the ability of the material to bind water, to create a sustainable peat replacement out of the caneroots. Normally, peat is obtained from high moorlands, destroying species-rich habitats that have evolved over centuries.

Far away in the Atlantic Ocean, on the small island of El Hierro, the biologist Michal Mos is cultivating this miracle cane for another reason: During cultivation, the plant is easy to care for and even grows on contaminated land poor in nutrients, providing it again with nutrients and biomass. The cane is therefore able to revitalize soil polluted by monocultures. Even climate change has little impact on this robust plant. Cultivation over several years even increases the carbon-binding properties of the ground. The Miscanthus expert is taking advantage of this to create fertile land in the desert landscape of the Canary Islands. The plant also protects the soil from erosion and offers habitat for thousands of insects and micro-organisms. To answer the question of whether Miscanthus x giganteus can help against the climate crisis, Michal Mos answers: »Definitely yes, in many ways. Nowadays we need to use all the cards we have got to create sustainable agriculture. Miscanthus x giganteus is one strategy to recover our degraded soil from the agriculture of today. At the same time the plant provides farmers with a stable income and is another important step towards a sustainable economy.« *TE*

1

2

3

4

5

1   Gewächshaus und Forschungs-
    labor. Heutzutage nutzt der Campus
    keine Plastikverpackungen mehr.
    (S. 39)
    Greenhouse and research lab. The
    campus has now banned plastic
    bags. (p. 39)
2   Proben Miscanthus x giganteus
    Miscanthus x giganteus samples
3   Miscanthus x giganteus
    als Dämmmaterial
    Miscanthus x giganteus used as
    insulation
4   Miscanthus x giganteus
5   Graspapier- und Verpackung
    Grass paper and packaging
6   Solartrockner
    Solar dryer

1-2 Miscanthus x giganteus als Torfersatz.
Heutzutage nutzt der Campus keine
Plastikverpackungen mehr.
Miscanthus x giganteus as peat substitute.
The campus has now banned plastic bags.

3 Erdbeeren wachsen auf Miscanthus x
giganteus
Strawberrys growing on Miscanthus x
giganteus

4 Salatköpfe auf Miscanthus x giganteus
Lettuce on Miscanthus x giganteus

5 Hügelhaus als Speicher und Gerätelager
Hill house, as warehouse and equipment
storage

5

1 Michal mit selbst gezüchtetem
Miscanthus x giganteus
Michal with Miscanthus x giganteus
plants from his own farming

2 Einpflanzen in den Wüstenboden
Planting into the desert soil

3 Bearbeitung der Pflanze
Splitting the plant

4 Frisch gepflanzter Miscanthus x
giganteus
Newly planted Miscanthus x
giganteus

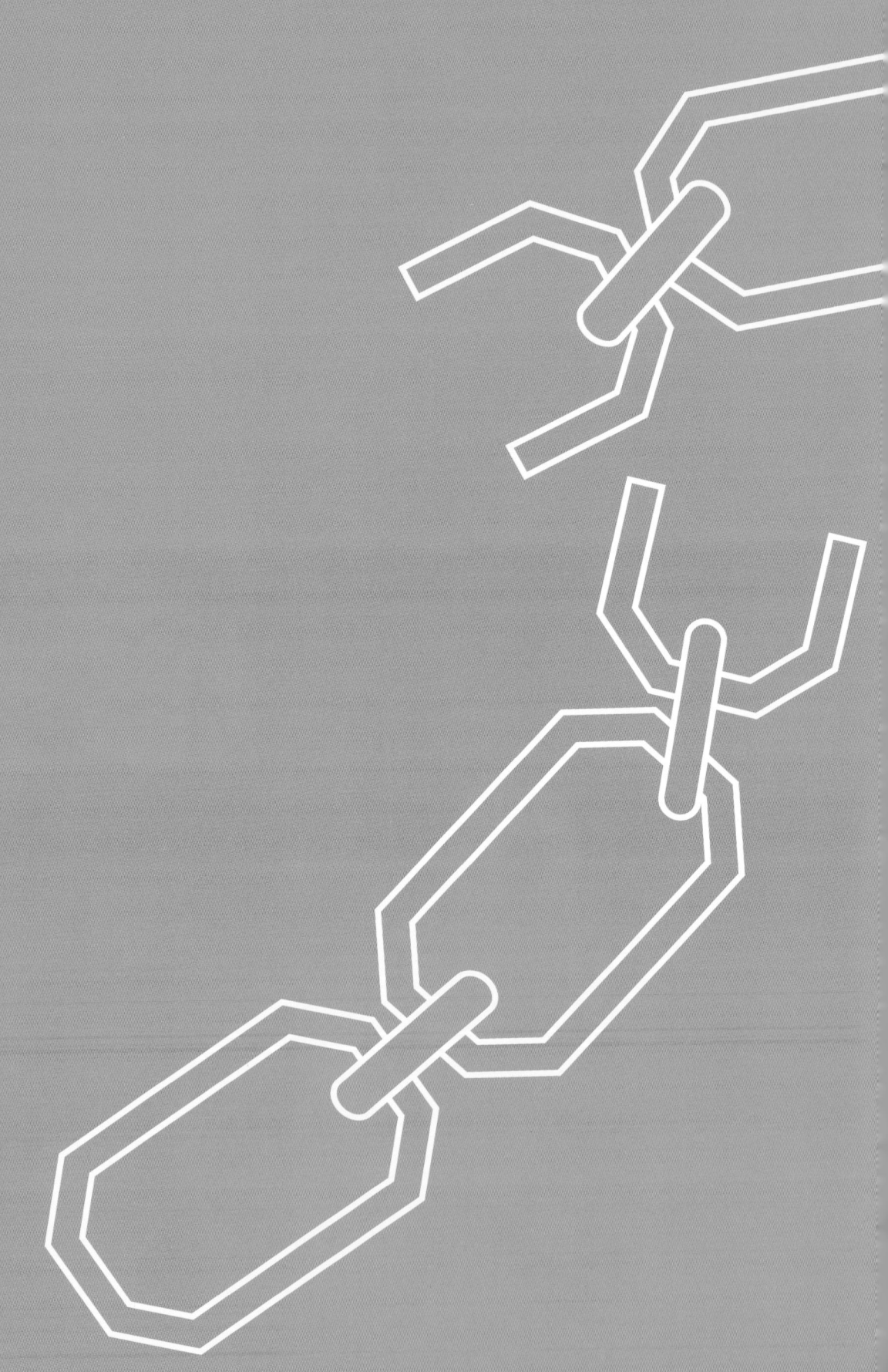

Protest

In den späten 70er Jahren beauftragte der amerikanische Erdölkonzern *Exxon* eine Gruppe von Wissenschaftler:innen, um herauszufinden, ob und wie stark der Ausstoß von Kohlendioxid das Weltklima erwärmt. Diese Gruppe konnte nicht nur beinahe exakt die heutige CO2-Konzentra-

Wissenschaftliche Erkenntnisse alleine reichen nicht aus, um Entscheidungsträger:innen zum Handeln zu motivieren.

tion in der Atmosphäre voraussagen, sondern sie warnte die Konzernchefs auch vor den dramatischen Folgen der Erderwärmung. Die Konsequenz, die Exxon daraus zog, war, mit gezielten Desinformationskampagnen Zweifel an der Wissenschaftlichkeit des Klimawandels zu säen.

Diese Anekdote zeigt recht eindrücklich: Wissenschaftliche Erkenntnisse alleine reichen nicht aus, um Entscheidungsträger:innen zum Handeln zu motivieren.

In einer Weltwirtschaft, deren Haupt-Treibstoff fossile Energieträger sind, sehen viele Konzerne ihre Profite von der tiefgreifenden ökologischen Transformation bedroht, die notwendig ist, um die Klimakrise aufzuhalten. Mit Lobbyismus, Parteispenden und dem Totschlagargument des Erhalts von Arbeitsplätzen üben sie einen gewaltigen Einfluss auf die Politik aus. So fahren in Deutschland dank VW & Co. immer noch die meisten Menschen in Dieselautos statt mit der Bahn, und statt Windkraftausbau gibt es Laufzeitverlängerung für Kohlekraftwerke.

Die Ursachen dafür liegen weniger in den fragwürdigen Moralvorstellungen des wirtschaftlichen Führungspersonals, sondern vor allem in der Funktionsweise des Kapitalismus selbst: Ein Wirtschaftssystem, das ständiges Wachstum benötigt, um sich selbst zu erhalten, kann letztendlich nicht nachhaltig sein. Doch leider haben die Profiteure des fossilen Kapitalismus wenig Interesse daran, sich selbst durch ein ökologischere Wirtschaftsform überflüssig zu machen, wie das erwähnte Beispiel der Exxon-Manager aus dem Jahr 1977 zeigt.

Also ist die Lage hoffnungslos? Nein! Denn gleichzeitig mangelt es nicht an technischen Lösungen für die Klimakrise – es fehlt lediglich der politische Wille, die notwendigen Maßnahmen gegen bestehende Widerstände durchzusetzen. Damit sich etwas bewegt, braucht es also den Druck von der Straße. Soziale Bewegungen der Vergangenheit haben gezeigt: Protest lohnt sich! Der Atomausstieg wäre ohne die Anti-Atombewegung undenkbar, Gleichberechtigung für Frauen musste erst mühsam durch engagierte Feminist:innen erkämpft werden. Sozialstaatliche Leistungen und Arbeitnehmer:innenrechte wurden durchgesetzt, weil sich in der Vergangenheit Menschen zusammengetan haben, um sie zu erkämpfen.

Auch eine klimagerechte Welt wird uns nicht einfach so geschenkt werden. Doch im Angesicht der immer knapper werdenden Zeit organisieren sich Menschen weltweit, um sich gegen

Damit sich etwas bewegt, braucht es also den Druck von der Straße.

die Zerstörung ihrer Lebensgrundlage zu wehren. Ob Massendemonstrationen, Straßenblockaden oder Baumbesetzungen – die Protestformen der Klimabewegung sind vielfältig und kreativ. Und sie bieten Anlass zur Hoffnung, denn im Gegensatz zu einem wissenschaftlichen Bericht lässt sich eine Protestbewegung nicht so leicht ignorieren. *JW*

In the late 1970s, the US oil and gas company *Exxon* funded a study to find out if climate change is really caused by the emission of greenhouse gases. The scientists concerned not only predicted the carbon levels correctly for the next 30 years, but also warned Exxon executives about the drastic effects of global warming. Exxon was completely unfazed by these

As this footnote of history demonstrates, scientific facts alone are not enough to make decision makers act.

results and warnings. Rather than changing their business model, the company launched a large-scale disinformation campaign to cast doubt on the veracity of climate change. As this footnote of history demonstrates, scientific facts alone are not enough to make decision makers act.

Operating in a world economy driven by fossil fuels, many companies see their profits endangered by the profound ecological transformation of society that is necessary to stop the climate crisis. Through lobbyism, corruption and the threat of mass layoffs, companies have an enormous influence on politicians. Thanks to Volkswagen and its friends, everyone in 2020 is still driving around in diesel cars instead of riding trains, and instead of expanding the wind energy sector, coal power plants are receiving lifetime extensions.

The root of the problem lies within capitalism itself: An economic system that requires constant growth to sustain itself cannot be sustainable on a planet with finite resources. But, alas, capitalism and its profiteers are not much interested in abolishing capitalism by themselves, as the Exxon executives demonstrated in 1977.

Is all hope then lost? Not at all. At the same time there is no shortage of technical solutions to the climate crisis. There is only a lack of political will to implement them. In order to get things done, we need to create political pressure. Social movements of the past have shown that protest pays off. The nuclear phase-out would have been impossible without the anti-nuclear movement. Progress towards gender equality was achieved only through the decades-long struggles of women. Social welfare and workers' rights were enforced, because people in the past fought for it together.

In the same vein, many obstacles will be put in our way to a more ecological and just world. As time is running out, people around the world are organizing to resist the destruction of their future livelihoods. The forms of protest of the new

In order to get things done, we need to create political pressure.

climate movement are manifold. With mass demonstrations, street blockades or even tree-occupations, people are expressing their demands creatively yet peacefully. This is a reason to hope – because unlike scientific reports, protest cannot be ignored for long. *JW*

Fridays For Future

Sie sind jung und sie sind wütend: Weltweit gehen Schüler:innen freitags für mehr Klimaschutz auf die Straße; inspiriert von Aktivistin Greta Thunberg, die gerade erst 15 Jahre alt ist, als sie sich am 20. August 2018 zum ersten Mal mit ihrem »Skolstrejk för klimatet«-Schild (»Schulstreik für das Klima«) vor den schwedischen Reichstag stellt. Unter dem Hashtag #FridaysForFuture breitete sich die Protestbewegung schnell über den Globus aus – bis nach Brasilien, Indien und Australien. In Deutschland streikt Fridays For Future mittlerweile seit einem Jahr und ist in über 700 Ortsgruppen organisiert. Hinzu kommen viele Solidaritätsgruppen wie Scientist For Future, Parents For Future oder Grandparents For Future. Im Jahr 2019 mobilisierte die Bewegung zu vier globalen Klimastreiks, an denen nicht nur Schüler:innen, sondern auch Arbeitnehmer:innen und Wissenschaftler:innen teilnahmen. Am 20. September fanden die bisher größten Klimaproteste in der deutschen Geschichte statt: Rund 1,4 Millionen Menschen beteiligten sich bundesweit am dritten Klimastreiktag. Das Besondere: Unter den Demonstrierenden waren viele extrem junge Menschen, sogar Kindergartengruppen.

Neben Enthusiasmus über ihr Engagement erleben die Jugendlichen immer wieder auch öffentliche Diskreditierungsversuche aus Politik und Gesellschaft. Nicht selten werden sie als realitätsfern verunglimpft oder es wird ihnen vorgeworfen, sie hätten von Politik keine Ahnung und wären nur am Schuleschwänzen interessiert.

Aber die Schüler:innen beweisen, dass sie eben doch mitreden können. Mittlerweile hat die Protestbewegung konkrete Forderungen erarbeitet, die die deutschen Politiker:innen umsetzen sollen, um das im Pariser Abkommen festgelegte 1,5-Grad-Ziel noch zu erreichen. Dabei stützen sie sich auf die Forschung zahlreicher Wissenschaftler:innen. Die drei Hauptforderungen: Nettonull der CO2-Emissionen bis 2035, Kohleausstieg bis 2030 und 100% erneuerbare Energieversorgung bis 2035. Auf den ersten Blick mögen diese Forderungen radikal erscheinen, im Hinblick auf die schleppende Klimapolitik der Bundesregierung und die Ernsthaftigkeit der Klimakrise erscheinen sie jedoch legitim.

Doch obwohl die Appelle an die Politik bisher relativ erfolglos geblieben sind, haben die Schüler:innen viel erreicht. Fridays For Future hat eine starke, außergewöhnlich junge Protestbewegung und eine große mediale Debatte in Deutschland angestoßen und viele junge Menschen politisiert. Damit sind sie wichtige Akteur:innen im deutschen Klimadiskurs geworden, in den sie sich auch in Zukunft sicherlich laut und wütend einmischen werden. *IF*

They are young and they are angry: every friday, students all around the world take to the streets to demonstrate for more protection of the environment. Inspired by activist Greta Thunberg, who on the 20 August 2018, at the age of 15, stood in front of the Swedish parliament for the first time carrying her »Skolstrejk för Klimatet«-sign (»Schoolstrike for Climate«). The protest movement quickly spread all around the globe, using the hashtag *#FridaysForFuture*, all the way to Brazil, India and Australia. In Germany, Fridays For Future has been demonstrating for over a year, the organisation having 700 local groups. Other groups like *Scientist For Future*, *Parents For Future* or *Grandparents For Future* have also shown their solidarity with the Fridays For Future movement. In 2019, the movement was able to mobilize four global climate strikes, in which not only students, but employees and scientists took part. On 20 September 2019, the biggest climate strikes in Germany's history took place with about 1.4 million people participating all over the country. One of the most interesting aspects of the demonstration was the demographics: many activists were young people, children, or even kindergarten groups.

Alongside enthusiastic responses for their commitment, the young people were often confronted by attempts from politics and society to discredit them. They were often decried as unrealistic or were called »clueless kids« who do not know anything about politics and only want to skip school.

However the school children proved that they were able to have a voice. Meanwhile, the protest movement created concrete demands, which they expect German politicians to implement in order to reach the 1.5 degrees Celsius goal of the Paris Climate Agreement. These draw on research by numerous scientists. The three main demands are: net zero emissions by 2035, fossil fuel phase-out by 2030 and 100 percent renewable energy supply by 2035. At first sight, these demands may seem radical, but considering the sluggish climate politics of the federal government and the gravity of the climate change crisis, they are appropriate.

Although the political response left much to be desired, the students have achieved a lot. Fridays For Future is a strong, extraordinary youth protest movement which has started a huge media debate in Germany and helped many young people become involved in politics. Young people, who became an important part of the German climate discourse, will remain on the barricades in the future, demanding change, loud and clear. *IF*

2

3

4

1

2

1 Generationsübergreifender Protest
   Multi-generational protest

2 Zehntausende Demonstrierende
   während des globalen Klimastreiks
   in Berlin, auf der Straße des 17. Juni
   Tens of thousands of protestors
   during global Climate Strike in Berlin
   (Straße des 17. Juni)

3 Demonstrierende prangern die
   Modeindustrie an
   Protestors against the fashion industry

4 Junge Demonstrierende auf Statue
   während des Protestes
   Young protestors on a statue during
   the strike

3

Extinction Rebellion

Nicht weniger als einen »Aufstand gegen das Aussterben« wollen die Aktivist:innen der Protestbewegung *Extinction Rebellion* (kurz: XR) anzetteln. Der dramatische Name ist eine Anspielung auf das massive Artensterben der Arten, das immer schneller voranschreitet – und auf den Fakt, dass die Menschheit letztendlich ihrer Existenzgrundlagen beraubt wird, sollte die Klimakrise nicht rechtzeitig aufgehalten werden.

Um das Aussterben zu verhindern und ihre Forderungen durchzusetzen, wie CO_2-Neutralität bis 2025, setzt Extinction Rebellion vor allem auf »zivilen Ungehorsam«: Massenaktionen, die bewusst Gesetze überschreiten, dabei aber immer gewaltfrei bleiben. So blockierten hunderte Aktivist:innen während der »Rebellion Week« im Herbst 2019 tagelang zentrale Straßen und Plätze Berlins. Nicht nur in Deutschland, sondern in Hauptstädten weltweit gab es ähnliche Aktionen.

Die Aktivist:innen verstehen ihren Protest als Kunst: Gesangseinlagen und Akrobatik sind keine Seltenheit bei XR-Blockaden. Einen besonders beeindruckenden Anblick bieten die »Red Rebels« – eine kostümierte Performance-Gruppe, die anmutig schweigend Blockaden und Polizeiketten passiert.

Gewaltfreiheit ist einer der Grundsätze von Extinction Rebellion. Die Rebell:innen nehmen diesen Grundsatz so ernst, dass auch der Polizei überaus freundlich begegnet wird. Aktivist:innen bedankten sich sogar bei den Beamt:innen für die »respektvolle Räumung« der Blockaden. XR möchte so möglichst anschlussfähig sein, für Junge, Alte und vor allem für Menschen, denen militantere Protestformen zu radikal und herkömmliche Demonstrationen zu wirkungslos schienen.

Extinction Rebellion wurde 2018 in Großbritannien von einer Gruppe von Aktivist:innen und Wissenschaftler:innen gegründet. Mit einem auf wissenschaftlichen Untersuchungen und aus den Erfahrungen vergangener Protestbewegungen basierendem Ansatz wollten sie eine möglichst effektive Form des Protests entwickeln. Das Ergebnis ihrer Untersuchungen zeigt: Eine kleine aktive Minderheit von 3,5 % der Bevölkerung reichen schon aus, um einen gesellschaftlichen Wandel herbeizuführen. Mittlerweile gibt es XR - Ortsgruppen in über 30 Ländern. Dabei ist die Bewegung dezentral organisiert, das heißt sämtliche Ortsgruppen handeln eigenständig und ohne Anweisung von oben.

Auch wenn XR innerhalb der Klimagerechtigkeitsbewegung aufgrund ihres apokalyptischen Auftretens nicht ganz unumstritten ist, konnte die Bewegung tausende Menschen dafür begeistern, für das Klima aktiv zu werden. Und die werden dringend benötigt, denn es bleibt nicht mehr viel Zeit. *JW*

The activists of the climate movement *Extinction Rebellion* (XR) set out to stop the climate crisis. The dramatic name of the climate movement is both an allusion to the mass extinction of species that is currently happening, as well as to the threat climate change poses to the very existence of humankind.

To press for their demands, including carbon neutrality beginning in 2025, XR's main tactic is the use of civil disobedience: mass blockades of streets, squares and buildings to disrupt public life. They deliberately cross legal borders but always remain peaceful in doing so. During the »rebel week« in October 2019, hundreds of rebels brought central parts of Berlin to a standstill for many days. Similar actions were also carried out in other European capitals.

The activists also understand their protest as art. An especially impressive example are the »red rebels« – a costumed performance group that passes in solemn silence between activist blockades and police ranks.

Non-violence is one of the core principles of Extinction Rebellion. Some Rebels take it so seriously that they even thanked the police force for the »respectful eviction« after being removed from a blockade. XR is open to activists of all ages, young and old. Most importantly, the movement is for people who are deterred by more militant forms of protest, but at the same time are frustrated by the ineffectiveness of organized marches.

Aiming to find the most effective form of protest, XR was founded in 2018 in Great Britain by a group of scientists and activists. According to the founders of XR, if only 3.5 % of the population is active in a protest movement, massive social change is possible. Meanwhile there are local XR chapters in over 30 countries. The movement is decentrally organized, each chapter acting independently.

Even if Extinction Rebellion is criticized within the climate movement because of their apocalyptic rhetoric, they have managed to mobilize thousands of new activists to fight for the climate. And this is urgently needed if we want to stop the crisis from deepening. *JW*

Rote Rebellen posieren während einer Aktion des zivilen Ungehorsams
Red Rebells posing during an act of civil disobedience

1

2

3

1

2

3

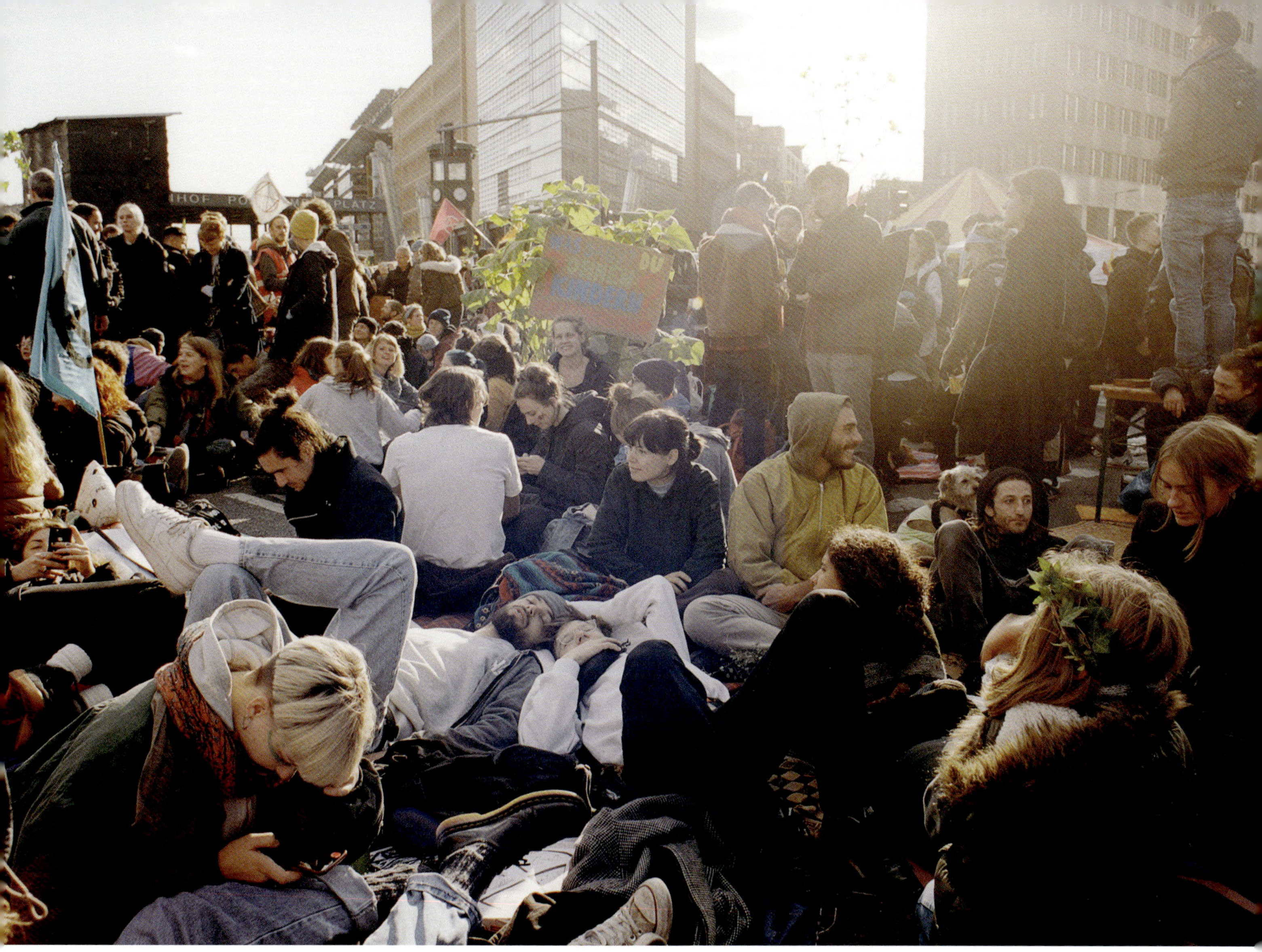

1 Protestantin benutzt ihren Körper als Leinwand
Protestor using her body as a screen

2 Logo der Klimabewegung
Logo of the climate movement

3 Familie spielt mit Seifenblasen während der Aktion
Family playing with bubbles during the protest

4 Menschenmenge während der Sitzblockade
Crowd during a sit-in

5 Demonstrant im »lock-on«, festgeklebt an einen Wagen
Protestor during »lock-on«, glued to a wagon

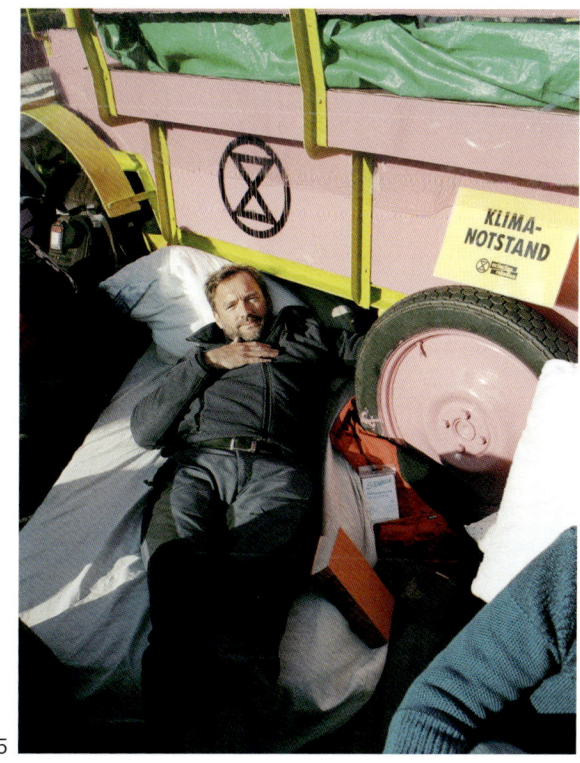

5

2

1 Menschenmenge am Potsdamer Platz
Crowd at Potsdamer Platz

2 Fahne bei der Blockade an der Oberbaumbrücke, Berlin
Flag during blockade of Oberbaumbrücke, Berlin

3 Protestant liest XR-Zeitung mit hilfreichen Informationen
Protestor reading the XR-newspaper

4 Demonstranten blockieren die Brücke
Protestors blocking the bridge

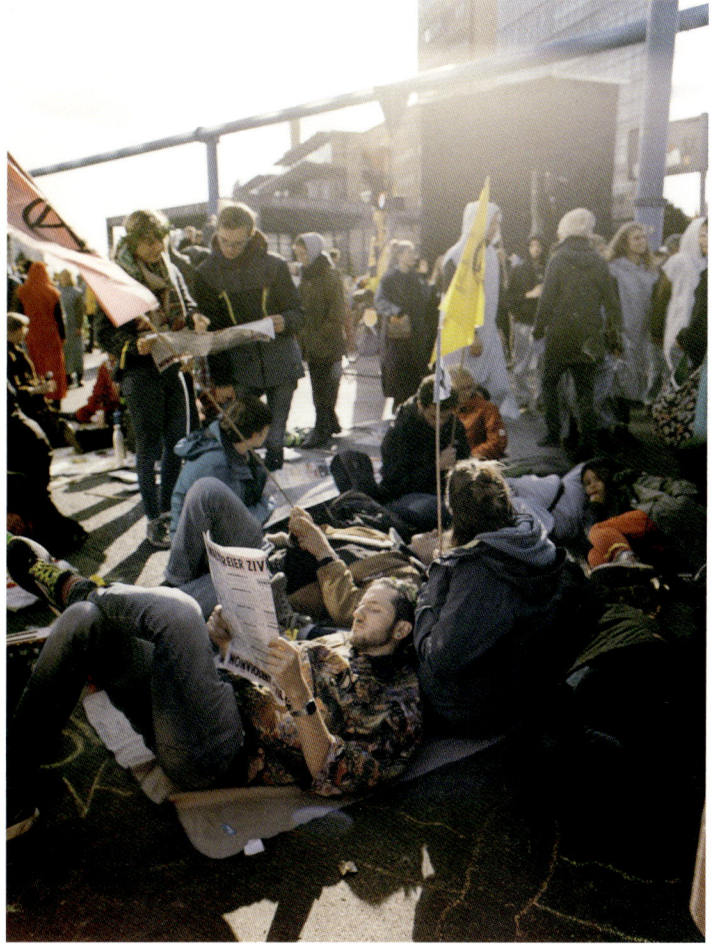

3

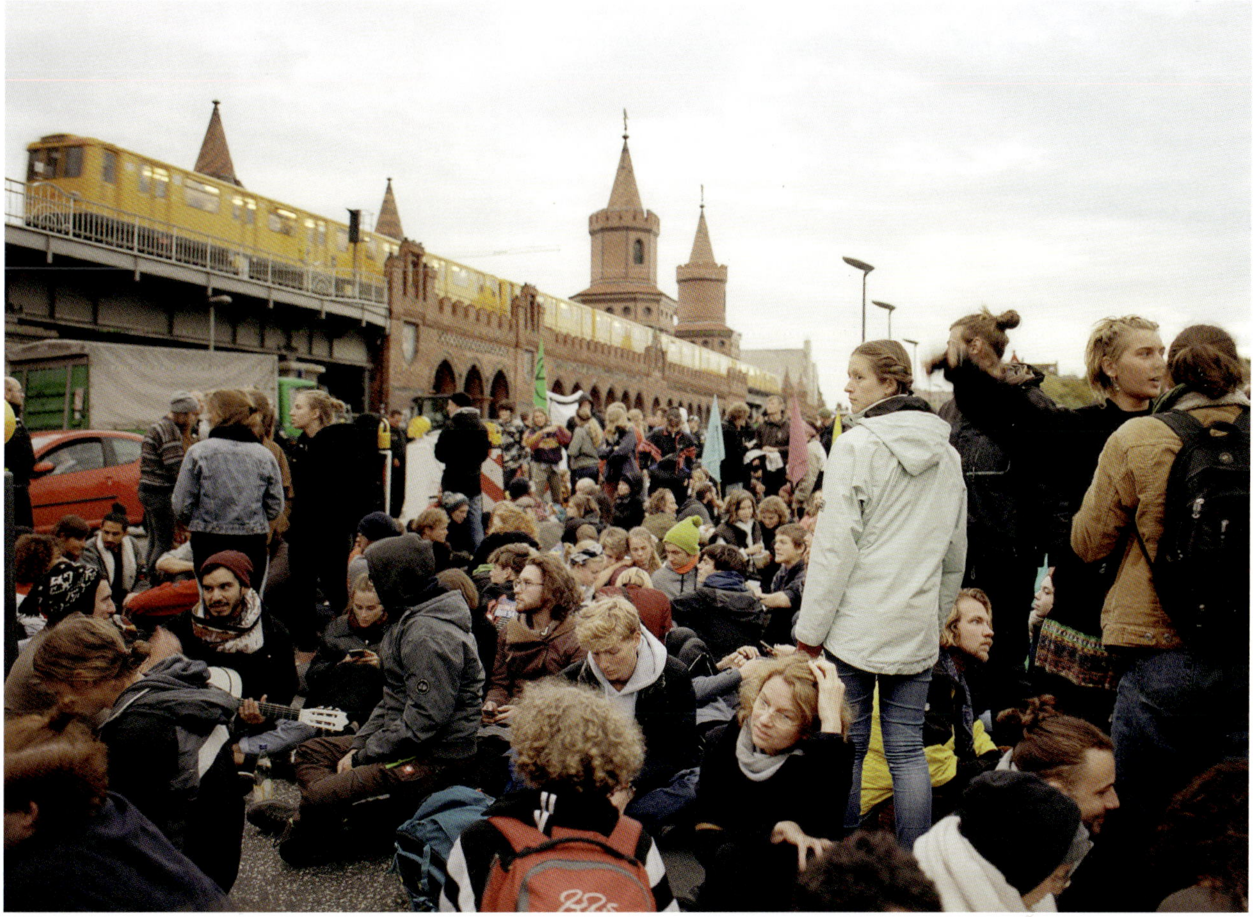

4

1

2

3

5

Braunkohle

»Sag mir was Schmutziges! – Braunkohle«, scherzt ein Sticker am Rucksack eines Demonstranten.

Schmutzig ist die Braunkohle deshalb, weil sie die mit Abstand klimaschädlichste und ineffektivste Methode zur Energiegewinnung ist. Bei der Verfeuerung von Braunkohle werden, neben anderen Umweltgiften, Unmengen Kohlendioxid in die Atmosphäre katapultiert.

Wer einen Braunkohle-Tagebau mit eigenen Augen gesehen hat, der versteht unweigerlich, in welcher Dimension die Umwelt bereits im Vorfeld zerstört wird. Mondlandschaften gigantischen Ausmaßes lassen kaum Vorstellungen zu, dass sich hier einst fruchtbares Land befunden hat. Damit die Baggerschaufeln ungestört weiter nach Kohle graben können, mussten ganze Dörfer umgesiedelt werden. In Deutschland sind es über dreihundert Ortschaften, die für die Kohle weichen mussten – unfreiwillig.

Um an die Braunkohle heranzukommen, muss zunächst tonnenweise Gesteinsmaterial, auch Abraum genannt, entfernt werden. Dafür wird das Grundwasser abgepumpt, was die Böden und auch die Wasserqualität der Umgebung drastisch sinken lässt. Um diese verwüsteten Landschaften nach dem Tagebaubetrieb so gut wie möglich zu rekonstruieren und rekultivieren, bedarf es massiven Aufwandes. Viele Probleme fangen jetzt erst an. Das wieder ansteigende, nun stark verschmutzte Grundwasser lässt Seen versauern und Flüsse durch einen chemischen Prozess braun werden. Die tiefen Löcher werden nach dem Raubbau an der Natur wieder mit Erde aufgeschüttet. Was bleibt, ist ein gefährlich lockerer Boden, der in der Vergangenheit bereits zu gewaltigen Erdrutschen geführt hat. Kurz gesagt: Die Rekultivierung kann den Verlust der ursprünglichen Natur nicht ersetzen.

Deutschland ist, in absoluten Zahlen, der größte Braunkohleförderer der Welt. Kein Wunder also, dass sich die deutsche Regierung mit dem Kohleausstieg so schwer tut und ihn immer wieder hinausschiebt. Vier der fünf klimaschädlichsten Kohlekraftwerke Europas haben auf deutschem Boden ihren Standort. Die Braunkohlevorkommen würden Expert:innen zufolge noch jahrzehntelang reichen. Doch die fossilen Rohstoffe müssen unbedingt im Boden bleiben, wenn wir den Klimawandel abmildern wollen. Dazu muss die Energieerzeugung radikal auf erneuerbare Energien umgestellt werden.

Der Hambacher Forst, einer der letzten großen Mischwälder Europas und einzigartiges Ökosystem, ist ein solches Naturerbe. Jahrhundertealte Eichen und Buchen bieten hier Lebensraum für zahlreiche bedrohte Tierarten. Doch die über 12.000 Jahre alte Geschichte des Waldes droht bald ein Ende zu nehmen. Jedes Jahr fällt ein weiterer Teil des Waldes den gewaltigen Schaufeln der Kohlebagger zum Opfer. Wo früher artenreicher Urwald war, klafft jetzt ein 85km² breites und 400m tiefes Loch in der Landschaft. Auch hier wird Braunkohle aus der Erde gefördert.

Von der majestätischen Größe des ursprünglich 5.500ha großen Waldes ist mittlerweile nicht einmal ein Zehntel übrig. Um die weitere Zerstörung des Waldes zu verhindern, besetzten 2012 erstmals Aktivist:innen verschiedene Areale des Waldes. Mit Baumhäusern, Bodenstrukturen, Tripods und Barrikaden versuchten sie, das Personal des Energiekonzerns RWE an der Rodung zu hindern. Denn damit sich in einem Wald ein Ökosystem mit der vergleichbaren Vielfalt wie im Hambacher Forst entwickeln kann, dauert es mehrere hundert Jahre – Zeit, die wir nicht mehr haben.

Im Laufe der Jahre wurde der Wald mehrmals geräumt und wieder neu besetzt. Den Besetzer:innen, von denen einige schon mehrere Jahre zu jeder Jahreszeit in den Baumhäusern leben, geht es dabei nicht nur um den Erhalt des Waldes und den sofortigen Ausstieg aus der Kohle und anderen fossilen Energieträgern, sondern auch um eine andere Form des Zusammenlebens. Die Aktivist:innen versuchen, Hierarchien zu vermeiden, indem sie alle Entscheidungen gemeinsam und im Konsens treffen. Alles im Wald wird geteilt – ob Werkzeuge, Essen oder Wissen. Damit leben die Aktivist:innen einen radikalen Gegenentwurf zur kapitalistischen und männlich dominierten Mehrheitsgesellschaft. Und das mit Erfolg, denn ohne Solidarität, gegenseitigen Respekt und einer tiefen Verbundenheit zur Natur wäre die Besetzung nicht denkbar gewesen.

Den vorläufigen Höhepunkt erreicht der Konflikt um den Hambacher Forst im Herbst 2018. Auf Druck von RWE hin veranlasst die nordrhein-westfälische Landesregierung unter dem Vorwand des Brandschutzes die erneute Räumung des Waldstückes. Trotz eines Großaufgebotes braucht die Polizei mehrere Wochen, um die mittlerweile auf über 50 Baumhäuser angewachsene Besetzung zu räumen. Am siebten Tag der Räumung verunglückt der 27-jährige Journalist Steffen Mayn tödlich, als er von einer Hängebrücke stürzt. Schon zwei Tage später wird die Räumung fortgesetzt.

Doch auch der bürgerliche Protest gewinnt an Kraft. Der Hambacher Wald ist längst zu einem Symbol der Anti-Kohle-Bewegung geworden. Zehntausende Menschen aus allen Bevölkerungsschichten kommen Anfang Oktober in den Wald, um friedlich für dessen Erhalt und ein Ende der Kohlekraft zu demonstrieren. Kurz zuvor erreichte der Naturschutz BUND mit einer Klage einen vorzeitigen Rodungsstop. Nur wenig später hängen erste Aktivist:innen, gesichert durch Seile, in den Baumkronen und bauen die ersten Baumhäuser wieder auf.

Über ein Jahr später steht fest: Der Hambacher Wald soll offiziell erhalten werden. Einige Besetzer:innen bleiben jedoch, sie trauen den Zusagen von RWE nicht. Ein Teil des Protests hat sich mittlerweile in das nahegelegene Lützerath verlagert. Trotz beschlossenen Kohleausstiegs soll das Dorf abgebaggert werden, weil ein Abbau dort größere Profite verspricht.

Mittlerweile hat die Taktik der Waldbesetzung viele Nachahmer:innen gefunden. Überall in Europa nutzen Aktivist:innen Baumbesetzungen, um Rodungen zu verhindern und auf umweltschädliche Infrastrukturprojekte aufmerksam zu machen. Auch wenn diese Bemühungen nicht immer von Erfolg gekrönt sind, zeigt der Kampf um den Hambacher Forst: Protest lohnt sich. *JW/TE*

»Tell me something dirty! Brown coal« — reads a sticker on a protestor's backpack. Brown coal is dirty because it is by far the most polluting and ineffective method of energy production. Vast amounts of carbon dioxide, among other pollutants, are catapulted into the atmosphere when brown coal is burned.

Anyone who has the chance to see a coal mine with their own eyes, will inevitably understand at what scale nature is being destroyed. Giant lunar landscapes almost do not allow the idea that here was once fertile land. Whole villages have to be resettled, in order to keep the excavator shovels undisturbed in operation, digging further for coal. In Germany, residents of about 300 villages have had to relocate for coal.

To reach the brown coal, tons of rock material, also called overburden, needs to be removed first. Ground water needs to be drained, which lowers the quality of the soil and the water nearby. To reconstruct and recultivate the devastated land as well as possible after the coal mine is closed, massive efforts are required. Many problems are now clearly in sight. The now badly polluted water rises again in the area where it was previously drained, acidifying lakes. Rivers become brown due to a chemical process. The deep holes are filled again with soil, after the overexploitation of nature. What remains is dangerously loose ground which has led in the past to enormous landslides. In summary: a recultivation can never replace the loss of former nature.

Germany is, in absolute numbers, the biggest coal producer in the world. No wonder then, that the German government is unwilling to face the difficulties of ending coal mining or tries to postpone decision making. Four of the five most climate-damaging coal power plants in Europe are located in Germany. Experts say the coal sources could last another few decades. The fossil resources absolutely need to stay in the ground, if we want to fight climate change. Energy production needs to be radically converted to renewable energy. If not, our natural heritage will be lost.

The Hambacher Forst, one of the last big mixed forests in Europe with a unique ecosystem, is one such natural heritage. Centuries-old oaks and beech trees offer habitat for numerous endangered species. The forest's history over more than 12,000 years is threatened with being brought to an end. Every year, another part of the forest falls victim to the shovels of the coal excavator. What was once a virgin forest rich in species is now a 85km2 big and 400m deep hole in the landscape. Here too, brown coal is being produced.

At the time of writing, not even one-tenth remains of the originally majestic 5,500ha forest. In 2012 activists occupied parts of the woods for the first time in history, to prevent the destruction of the forest. They tried to stop employees of the energy firm RWE from causing further deforestation by building treehouses, ground structures and barricades. It takes centuries for a forest to develop a comparable ecosystem this rich in biodiversity: this is time that we don't have anymore.

During recent years the forest has been cleared and occupied again. The occupiers, who lived in treehouses for a few years regardless of the season, not only wanted the forest to remain unchanged and called for an immediate divestment from the coal industry and other fossil energy carriers but also promoted other forms of coexistence. The activists modelled a radical different concept to capitalism and a male-dominated majority society. Without solidarity, mutual respect and a deep connection to nature, the occupation would have been impossible.

The conflict around the Hambacher Forst reached its apex in Autumn 2018. Under pressure from RWE, the government of Nordrhein-Westphalen arranged another clearing of the woodland under the pretext of fire protection. Despite a huge contingent of police, several weeks were needed to clear more than the 50 treehouses. On the seventh day of the clearing, 27-year-old journalist Steffen Mayn accidentally fell off a suspension bridge and died. Just two days after, the clearing continued.

Despite this, civil protests also gained power. The Hambacher Forst has long been a symbol of the anti-coal movement. Tens of thousands of people from different social backgrounds came to the forest at the beginning of October to demonstrate peacefully for its survival and the end of the coal industry. Just in time, the association Naturschutz BUND managed to stop the deforestation through legal action. Soon afterwards, the first activists were suspended inside the treetops secured by ropes again and began building new treehouses.

More than one year later it is clear that the Hambacher Forst is officially going to remain. A few occupiers will stay put given the distrust towards RWE. Part of the protest has shifted to the village of Lützerath. Despite Germany's decision to phase out coal, the energy giant still wants to remove the village, because excavating coal there promises bigger profits.

The tactics of forest occupation have won imitators. Activists all over Europe occupy trees in order to prevent deforestation and to raise awareness about the ecological impact of infrastructure projects. While not all are successful, the struggle for the Hambacher Forest demonstrates once again that protests pay off. *JW/TE*

Baumhäuser im Hambacher Forst
Treehouses at Hambacher Forst

1 Trauernde am Unfallort des verun-
   glückten Journalisten Steffen Meyn
   Mourners at the scene of journalist
   Steffen Meyn's accident

2 Baumhaus der Aktivisten
   Activist's treehouse

3 Sympathisanten bestaunen ein
   Baumhaus in etwa 20m Höhe
   Sympathisers gazing at a treehouse
   20m high

4 Demonstranten mit Baumsetzlingen
   Protestors with saplings

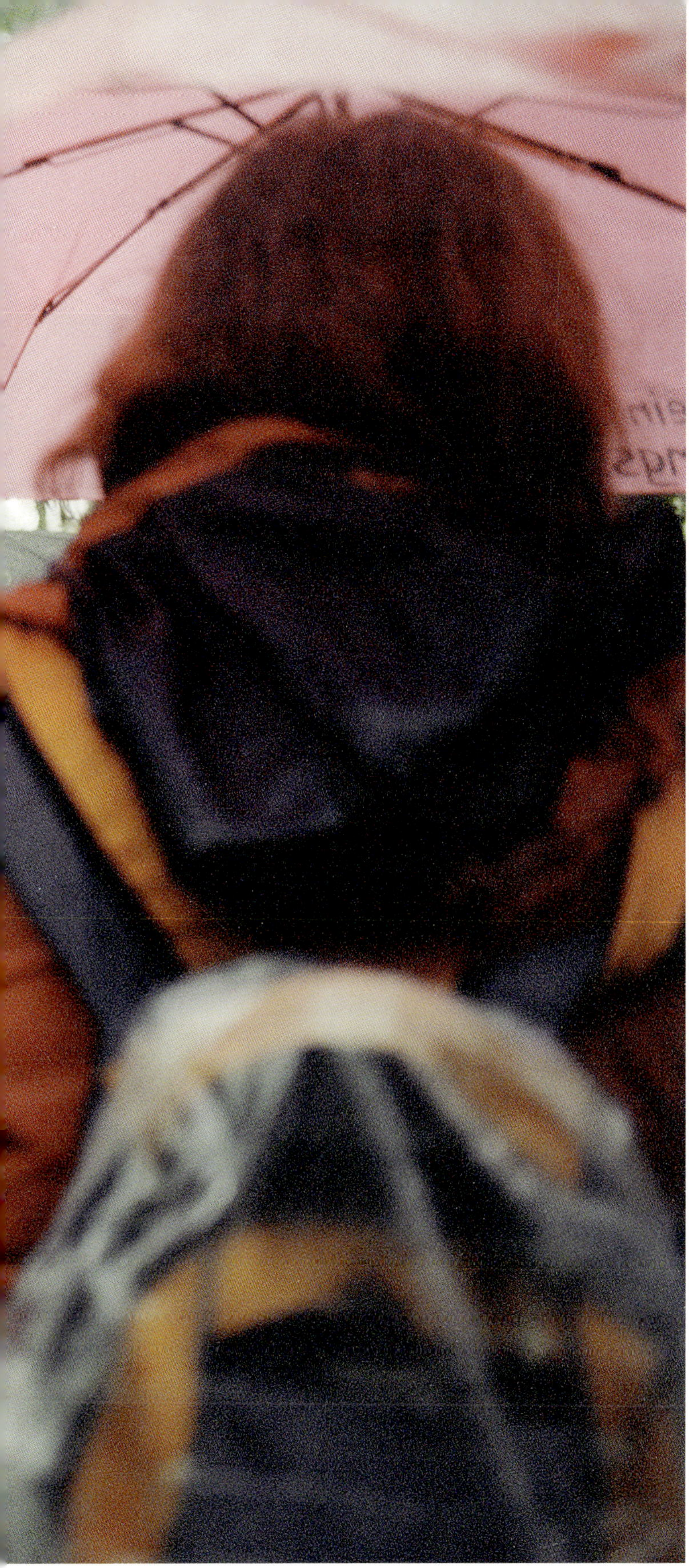

1

2

3

4

1

2

3

2

3

4

5

1-6 Demonstranten während der
Großdemo im Oktober 2018
(S. 74-77)
Protestors during the biggest
demonstration in October 2018
(p. 74-77)

1-5 Demonstranten während der
Großdemo im Oktober 2018
Protestors during the biggest
demonstration in October 2018

3

4

5

2

1   Özge an der Abrisskante schaut in
     das 400m tiefe Loch von Hambach
     Özge at the edge of the 400m deep
     excavation of Hambach

2   Demonstranten schaufeln das
     Loch wieder zu
     Protestors filling in the excavation

1

2

1

2

3

4

2

3

4

5

1   Braunkohletagebau bei Nacht
       Brown coal mine at night

2   Strandpromenade Terra Nova am
       Tagebau Hambach – nach Schlie-
       ßung des Tagebaus soll hier ein
       Binnensee entstehen
       Terra Nova Promenade next to the
       Hambach coal mine – after shut-
       down, the mine will become a lake

1

2

energy

Energie

Die Bereitstellung und Nutzung von Strom ist Fluch und Segen zugleich. Er ermöglicht es uns, Straßen und Häuser zu beleuchten, Essen zu kochen sowie Beatmungsgeräte, Aufzüge oder Laubbläser zu betreiben. Dennoch ist dies auch einer der effektivsten und akzeptiertesten Wege, unser begrenztes System Erde in einen Zustand immer größeren Chaos zu versetzen (sog. Entropie). So wird beispielsweise die in einem Brocken Kohle chemisch gespeicherte Energie nichts in Asche, Wärme, Treibhausgase und in bestimmten Fällen eben zu bewegtem Laub umgewandelt. Die damit einhergehende Beeinträchtigung der Umwelt lässt sich natürlich durch den Einsatz von Ökostrom minimieren. Dennoch muss man beachten, dass Ökostrom zwar immer erneuerbar, aber nicht immer nachhaltig ist. So

Dennoch muss man beachten, dass Ökostrom zwar immer erneuerbar, aber nicht immer nachhaltig ist.

hat sich Wasserkraft schon seit über hundert Jahren als ein guter, günstiger aber leider ausgeschöpfter Weg der Stromerzeugung etabliert. Demnach könnten in Europa nur noch mit erheblichen Eingriffen in die Natur neue Wasserkraftwerke installiert werden. Möchte man hingegen eine zukunftsfähige Stromversorgung in Form von Windkraft und Photovoltaik voranbringen, empfiehlt es sich, Mitglied einer Energiegenossenschaft zu werden, die sich auf diese Energieträger spezialisiert. Sie bringen das Know-How und das Kapital mit, um auf dem Strommarkt eine Chance zu haben. Denn obwohl das Erneuerbare-Energien-Gesetz im Jahr 2000 Deutschland zunächst zu einem Vorreiter im Bereich der Energiewende gemacht hat, werden den Erneuerbaren 20 Jahre später durch Deckelungen und Abstandsregeln viele Steine in den Weg gelegt. Glücklicherweise sind Sonne und Wind heutzutage kaum noch auf die Zuwendungen des Staates angewiesen,

Würden die Preise von Kohle-, Gas- und Atomstrom zudem der ökologischen Wahrheit entsprechen, wären diese im Vergleich zu den Erneuerbaren unbezahlbar.

weil die Kosten für die Stromerzeugung in manchen Regionen dank technologischem Fortschritt gleichauf oder sogar unter denen der fossilen Energieträger liegen. Würden die Preise von Kohle-, Gas- und Atomstrom zudem der ökologischen Wahrheit entsprechen, wären diese im Vergleich zu den Erneuerbaren unbezahlbar. Leider werden wir die Folgen des aktuellen kurzsichtigen Handelns in Form von Ernteausfällen, Sachschäden und der Zerstörung von Lebensräumen viel härter zu spüren bekommen, als mit Geld aufzuwiegen ist.

85 % der gesamten Treibhausgase in Deutschland können durch eine Umstellung des Energiesektors von fossilen Brennstoffen auf klimafreundliche Alternativen eingespart werden. Dazu zählt jedoch nicht nur der Strom aus der Steckdose, sondern auch die mechanische Energie im Verkehr und der Industrie sowie die thermische Energie für Raum- und Prozesswärme. All diese Bereiche ökologisch zu gestalten, ist fast ausschließlich durch einen Umweg über elektrische Energie zu verwirklichen. Nur mit ihrer Hilfe lassen sich außerdem sonst ungenutzte Potenziale der Erdwärme (Geothermie), Gravitation (Gezeiten) oder Sonnenstrahlung (Biomasse, Solar- und Windenergie) in nutzbare Energie umformen.

Aktuell verzeichnet Deutschland einen Anteil von 19,3 % erneuerbarer Quellen am gesamten Endenergiebedarf. Für ein Vorankommen in Richtung 100 % ist noch ein weiter Weg zu gehen und entgegen so mancher Meinung gibt es nicht den einen richtigen Weg. Stattdessen müssen verschiedene Wege gleichzeitig und mit viel Ehrgeiz beschritten werden.

Spielen wir einmal etwas Zukunftsmusik: Wärmepumpen heizen unsere Häuser, der Verkehr läuft über Strom oder mit seiner Hilfe erzeugte Brennstoffe und viele andere Lebensbereiche sind ebenfalls auf elektrifizierte Lösungen umgestiegen. Diese erhöhte Nachfrage benötigt einen noch massiveren Ausbau der regenerativen Energien als bisher. Da es sich bei den kosteneffizientesten Möglichkeiten allerdings um Wind und Photovoltaik handelt, welche nur zum Teil vorhersehbar sind, ist außerdem eine Überkapazität bereitzustellen, da auch an bewölkten, windarmen Tagen die Versorgung gesichert sein soll. Gleichzeitig ist der Bedarf verschieden von Tageszeit zu Tageszeit. Um also die Netzstabilität regionenübergreifend garantieren zu können, muss für mehr Flexibilität gesorgt werden. Die Erweiterung, Verknüpfung bzw. Zentralisierung und, wenn angemessen, Entkoppelung bzw. Dezentralisierung der Stromnetze und -erzeuger ist dabei ein elementarer Anfang. Kommt es zu einer deutlichen Überproduktion an elektrischer Energie, kann diese in einem weitverzweigten Netz gut aufgefangen und an Verbraucher und Speicher weitergeleitet werden. Bei Letzteren kann es sich nicht nur um Batterien (idealerweise in E-Autos) handeln, sondern auch um große Pumpspeicherkraftwerke bis hin zu privaten Warmwasserboilern. Diese Speicher können einspringen, wenn Windkraftanlagen oder Solarparks zu anderen Zeiten geringere Leistungen als benötigt erbringen. Ergänzt wird die Stromproduktion durch kleine Verbrennungsanlagen, die aus nachwachsenden Rohstoffen oder Biogas fast ohne Verluste Strom und nutzbare Wärme zur Verfügung stellen. Weiterhin können bestimmte elektrische Verbraucher runtergeregelt werden. So müssen große Kühlhäuser eventuell nicht ununterbrochen betrieben werden oder kann die Spülmaschine eben warten, bis wieder ausreichend Strom geliefert wird.

Ein solches System verlangt nach Neuinvestitionen auf persönlicher, aber vor allem politischer Seite, nach mehr Vertrauen und mehr Mut. Wir haben Probleme wie das Ozonloch oder sauren Regen (fast) hinter uns gelassen, da sollten uns Laubbläser nicht zum Verhängnis werden. *CG*

The provision and use of electricity is both a blessing and a curse. It enables us to light streets and houses, cook food and operate medical ventilators, elevators and leaf blowers. Nevertheless, it is also one of the most effective and accepted ways to increase chaos within our limited Earth system: a term also known as entropy.

However, one should emphasize that although green energy is always renewable, it is not always sustainable.

For example, the energy stored in a lump of coal is converted into ash, heat, greenhouse gases and, in certain cases, as suggested, into moving leaves. The inevitable environmental impact can certainly be reduced by using green energy. However, one should emphasize that although green energy is always renewable, it is not always sustainable.

While existing hydropower plants were already a great business opportunity long before »100% hydropower« became a popular selling point, installing additional hydropower plants in Europe would only be possible by substantially interfering with nature. In order to boost sustainable power generated from wind and photovoltaics instead, it is worthwhile becoming a member of an energy cooperative. These have the knowledge and the capital to survive in a competitive electricity market. Two decades after Germany became a pioneer in shifting its focus regarding energy generation from economic to environmental concerns by subsidising green energy immensely, wind and solar power are now facing caps and permissible distance regulations. Fortunately, thanks to technological advances, renewable energy sources are no longer heavily dependent on government subsidies.

In some windy or sunny regions the costs are in fact as low as or even lower than those of fossil fuels. If the prices of coal, gas and nuclear power were to reflect the environmental damage they are causing, they would already be unaffordable. Unfortunately, the impacts of the current, short-sighted approach, such as crop losses, damage to property or the destruction of habitats will be experienced by us in ways that have more meaning than money alone can reflect.

A staggering 85% of all greenhouse gas emissions in Germany can be avoided by transforming the energy sector from fossil fuels towards climate-friendly alternatives. This however includes not only the electricity supplied through the mains, but also mechanical energy used in transportation and industry as well as thermal energy for space and process heating. Making all these areas climate-friendly can almost exclusively be achieved only by a detour via electrical energy. This

Imagine the prices of coal, gas and nuclear power reflected the environmental damage they are causing, they would already be unaffordable.

furthermore allows for otherwise unused potential of geothermal energy, gravitation (tidal) or solar radiation (biomass, solar and wind energy) to be harnessed.

Currently, 19.3% of Germany's final energy demand is supplied from renewable sources. There is a long way to go to reach 100% and, contrary to some expert opinions, there is no one correct way to do this. Instead, all available options need to be pursued simultaneously and ambitiously.

Let us take a look at a possible future: heat pumps are warming our homes, transportation runs on electricity or alternative fuels and many more aspects of life make use of electrified solutions. The demand for electricity would increase significantly and require a huge expansion of renewable energy production. Since wind and photovoltaics are the most cost efficient options, while being only partially predictable due to environmental conditions, an overcapacity is needed to ensure supply availability on still, overcast days.

To guarantee grid stability across regions, more flexibility needs to be provided. Fundamental steps would be the extension, interconnection or centralisation and, where appropriate, decoupling or decentralisation of electricity networks and producers. In case electricity production exceeds demand, the surplus could be easily absorbed across an extensive network and supplied to consumers and storage units. The latter may include not only batteries, ideally in electric cars, but also large pumped-storage power plants or even private hot water boilers. These storage systems would come into play at times when wind turbines and solar parks produce less power than required.

This available output is supplemented by small incineration plants, which generate electricity and usable heat from renewable raw materials or biogas with minimal energy losses. Furthermore, certain forms of electrical consumption could be reduced temporarily. For example, large refrigerated warehouses may not have to operate continuously or dishwashers could wait until sufficient power was available again.

Such a system demands investments not only at a personal level but above all, at a political level, as well as greater confidence and courage. We have left problems like the depletion of the ozone layer or acid rain (almost) behind us. We shouldn't let leaf blowers be our downfall! *CG*

Fast schon synchron zum Takt der Musik kreisen die riesigen Rotorblätter. Im goldenen Licht der untergehenden Sonne bilden die Windräder eine imposante Kulisse für die Feiernden auf dem Druiberg. Unweit der Stadt Dardesheim im Harzvorland findet hier jährlich das *Funkloch Festival* statt, ein unkommerzielles, zweitägiges Musikevent. Betrieben wird das Festival komplett mit Windenergie aus dem Park. Gestört fühlen sich die Tanzenden trotz unmittelbarer Nähe zu den 112m hohen Windrädern nicht, im Gegenteil, die Windräder machen das Festival für viele erst einzigartig.

Mit dem Strom aus dem 2002 gegründeten Windpark Druiberg werden nicht nur Musikfestivals versorgt. Mit einer Leistung von 82 Megawatt produziert er so viel Strom wie ein kleines Kohlekraftwerk – das ist vierzig Mal mehr als die Gemeinde Dardesheim verbraucht. Dardesheim gehört zu den Pionieren der Energiewende. Nicht nur Windkraft, sondern auch Photovoltaik und Biogas-Anlagen erzeugen nachhaltige Energie. Speichertechnologie wie Pumpkraftwerke sollen in Zukunft überschüssige Energie für Flaute-Tage speichern können.

Windkraft ist das Arbeitspferd der Energiewende: Schon über ein Viertel des in Deutschland erzeugten Stroms wird durch Windräder erzeugt. Rund 30.000 Windräder stehen in Deutschland; die Branche beschäftigt über 100.000 Menschen.

Um das Ziel der 100% erneuerbaren Energien zu erreichen werden allerdings noch viele weitere Windräder vonnöten sein. Doch der Ausbau geriet in den letzten Jahren ins Stocken. Lange Genehmigungsverfahren, Artenschutz und Proteste besorgter Anwohner:innen verhindern vielerorts die Errichtung neuer Parks. Hauptverantwortlich für den Rückgang ist allerdings das Einstampfen der politischen Förderung für erneuerbare Energien. Eine zusätzlich diskutierte Mindestabstandsregelung droht den Ausbau im dicht besiedelten Deutschland komplett zum Erliegen zu bringen.

Dabei ist die Akzeptanz der Windräder höher, als es Medienberichte und erboste Anwohner:inneninitiativen Glauben machen wollen. Umfragen zufolge befürwortet die überwiegende Mehrheit der Anwohner:innen Windkraftanlagen in ihrer Nachbarschaft.

Auch die Dardesheimer:innen stehen ihrem Windpark positiv gegenüber. Neben tollen Musikfestivals bringt er auch finanziellen Gewinn für die Gemeinde. *JW*

Almost in sync with the music, the giant rotor blades swirl. In the golden light of the passing sun, the wind turbines create a stunning backdrop for the dancing festival crowd. Not far from the small town of Dardesheim on the Druiberg hill, located in the German province of Saxony-Anhalt, the annual *Funkloch* Festival is taking place – a whole weekend of joy and electronic music. The festival is completely powered by clean energy from the neighbouring wind park. The festival-goers are not bothered by the wind turbines that are up to 112m high. On the contrary, the spinning wheels make the festival a truly unique experience.

Music festivals are not the only things powered by the wind park. Founded in 2002, the park has a capacity of 82 megawatts and produces as much as a small coal-fired power plant. That is forty times as much as the neighbouring town of Dardesheim needs. The town is one of the pioneers of the German energy transition. The town relies not only on wind, but also uses solar and biogas to generate electricity.

Wind power is the work horse of the German energy transition: already a quarter of the energy produced in Germany is generated by wind turbines. Around 30,000 turbines are installed across the countryside and the wind energy sector alone employs over 100,000 people.

To reach the goal of 100% renewables, many more wind turbines are needed, yet in recent years the expansion came to a near halt. Bureaucratic hurdles, the protection of endangered species and protests by citizens prevent the creation of new wind parks in many places. One of the main causes is the government's drastic cut in subsidies for wind energy. On top of that, lawmakers are currently discussing a drastic extension of the minimum distance from inhabited areas. If passed, this law would mean the end of wind energy expansion in densely populated Germany.

Wind energy is far more widely accepted by local populations than media reports suggest and politicians wish to believe. According to various polls, a clear majority of people welcome wind turbines in their neighbourhood.

The people of Dardesheim love their wind park. It is not only bringing them clean energy and a cool music festival, but also financial benefits. *JW*

2

3

4

2

3

4

1   Blick von einer Windturbine der wpd
     View from a wpd wind turbine

2   Flügel einer Windkraftanlage der wpd
     Wing of a wpd wind power station

3-5 Windkraftanlagen der wpd
     wpd wind power stations

5

Solaranlage Davos

Sie steht dort, wo man sie am wenigsten erwarten würde: In 2500m Höhe, auf der Totalp oberhalb des schweizerischen Ortsteils Davos Dorf in den Walliser Alpen, befindet sich eine Solaranlage. Es ist eine Testanlage des Schweizer Energieunternehmens *EKZ*, das hier erforscht, wie sich alpine Witterungsbedingungen auf die Solarstromproduktion auswirken. Obwohl man es nicht vermuten würde, sind die Voraussetzungen für die Herstellung von Solarstrom in den Bergen besonders günstig: Die Kälte erhöht die Effizienz der Photovoltaikmodule, und anders als in den Tälern, werden die Sonnenstrahlen nur selten vom Nebel aufgehalten. Hinzu kommen der sogenannte Albedo-Effekt, der entsteht, wenn Schnee das Sonnenlicht reflektiert, und die allgemein höhere Strahlungsintensität in Berglagen. Um die Vorteile all dieser Faktoren genauer unter die Lupe zu nehmen, hat das Projektteam der EKZ 20 verschiedene Photovoltaikmodule installiert, deren Daten miteinander verglichen werden. Die Module sind in unterschiedlichen Winkeln montiert, von 30 bis zu 90 Grad, sodass später festgestellt werden kann, welche Einstellung optimal ist, damit zum einen der Schnee von den Panels abrutscht und zum anderen die Sonnenstrahlen optimal eingefangen werden. Ein weiterer Unterschied der Testmodule: Einige haben eine gängige, monofaziale Oberfläche, andere hingegen sind bifazial. Das bedeutet, dass auch die Unterseite Strom produzieren kann.

Mithilfe verschiedener Messgeräte und einer Webcam soll über einen Zeitraum von fünf Jahren herausgefunden werden, welche der Module für die alpine Solarstromproduktion am besten geeignet sind. Forscher:innen der *ZHAW Wädenswil*, die an dem Projekt beteiligt sind, haben nach dem Winter 2017/2018 die ersten Messdaten ausgewertet. Das Ergebnis gab Anlass zur Freude: In den sieben Monaten der dunklen Jahreshälfte haben die zweiseitigen Module mehr Strom produziert als eine durchschnittliche Mittelland-Photovoltaikanlage im ganzen Jahr. Die Forscher:innen schließen aus den Daten, dass sich in höheren Lagen auch Hausfassaden für Solarpanels eignen. Die Ergebnisse sind besonders spannend vor dem Hintergrund, dass die Schweiz im Winterhalbjahr einen potenziell wachsenden Teil ihres Stroms importieren muss. Das Projekt der EKZ liefert Hinweise darauf, wie auch im Winter der steigende Strombedarf aus erneuerbaren Quellen gedeckt werden kann. *IF*

Located where one least expects it, at an altitude of 2500m in the Walliser Alps on top of Totalp above the Swiss district Davos Dorf there is a power plant. The test-plant was built by the Swiss company *EKZ* to research how alpine weather conditions affect solar power production. The conditions in the mountains proved surprisingly favourable for solar power production. The cold increases the efficiency of the photovoltaic modules and, different to the conditions in the valley, sunlight is seldom blocked out by fog. The so called »Albedo- effect« occurs when sunlight is reflected by the snow and increases energy production, as well as giving off more intense radiation at higher altitude. In order to compare the data on all those aspects, the project team at EKZ installed 20 different photovoltaic modules. The modules are mounted at different angles, between 30 and 90 degrees, in order to determine the optimal setting, so that any snow will slide off the panels and sunlight is captured as efficiently as possible. A further difference among the test modules is that some have a one-sided, or monofacial surface, whereas others are bifacial, meaning that they generate power from both sides of the cells.

The company has spent about five years investigating which modules are best suited for alpine solar power production. Scientists from ZHAW Wädenswil, who participated in the project, analysed the first measured data from winter 2017/2018. The results gave reason for optimism. In the seven month-long dark period of the year, the double-sided modules produced more power than an average solar power plant in the Swiss plateau Mittelland region does in an entire year.

The scientists concluded from this that solar panels for the fronts of houses are suitable for higher elevations. The results of the research are of particular interest for Switzerland given the fact that the state already needs to import some of its power during winter. This project by EKZ provides insight into how to produce enough energy to meet increasing demand, especially in winter, using renewable resources. *IF*

1   Solaranlage nahe Davos, in 2500m Höhe
     Solar power plant near Davos at 2500m altitude

2   Solaranlage mit Panoramablick auf Walliser Alpen (S. 102-103)
     Solar power plant with panorama view on Walliser Alps (p. 102-103)

1-2 Solarpanele in verschiedenen Winkeln
Solar panels attached at different
angles

3 Solarzellen, die beidseitig Strom
erzeugen
Solar cells able to produce power
from both sides

1

2

Balkonsolaranlage

Eine Markise musste her, denn auf dem Balkon von Familie Sanne brutzelt die Sonne fast den ganzen Tag. Die überraschend hohen Preise für ein wenig Schatten brachten den Familienvater Moritz auf eine schlaue Idee. Er entschied sich kurzerhand für eine Balkon-Photovoltaikanlage als multifunktionalen Sonnenschutz. Das Modul, welches seinen fest installierten Platz auf dem Balkon der Familie Sanne gefunden hat, gibt es mittlerweile in unterschiedlichsten Ausführungen. So ist es möglich, diese kleinen Kraftwerke zu transportieren, umzustellen und sie nach Belieben an- oder abzuhängen. Es braucht kein eigenes Hausdach mehr, um eine Photovoltaik-Anlage (PV-Anlage) aufzustellen. Ob auf dem Autodach, auf der Garage oder im Garten – die Einsatzmöglichkeiten der kleinen Anlagen sind vielfältig.

Die Installation dieses nachhaltigen Stromerzeugers ist simpel und meist schon in wenigen Minuten erledigt. »Plug n'play. Es ist so einfach, dass es jeder kann«, erklärt Moritz. Ein PV-Modul wie bei Familie Sanne besteht aus einem 265W PV-Panel, welches Gleichstrom erzeugt, und aus einem Wechselrichter, der den erzeugten Strom in den üblichen Hausstrom umwandelt. Über eine Leitung wird die Energie anschließend ins Hausnetz eingespeist und deckt damit den Grundbedarf der dreiköpfigen Familie. Übers Jahr erzeugt das Mini-Kraftwerk ca. 265kWh: Es versorgt den Kühlschrank, die Lampen und die Waschmaschine mit nachhaltigem Strom. Das macht sich neben dem guten Gewissen auch finanziell bemerkbar, denn der Stromverbrauch der Familie hat sich stark reduziert. »Der Stromzähler im Keller stand plötzlich still«, erklärt der Familienpapa. Motiviert von dem Erfolg der ersten Anlage, installierte die Familie kurzerhand ein zweites Balkonkraftwerk.

Anstelle die Wäsche abends zu waschen, läuft die Waschmaschine jetzt tagsüber, um den erzeugten Strom optimal auszunutzen. Überschüssiger Strom wird ins Stromnetz eingespeist und landet direkt beim Nachbarn. Für diesen Strom bekommt Familie Sanne zwar nichts. »Aber wir wissen, dass unser Strom grün ist«, argumentiert Moritz freudig.

Moritz, der als wissenschaftlicher Mitarbeiter an der Hochschule Eberswalde tätig ist und mit seinem Einfallsreichtum bereits ein elektrisches Holzfahrrad und einen nachhaltigen Rollator aus Bambus erfunden hat (mehr dazu auf den Seiten 134-141) setzt sich aktiv für die Energiewende ein. Er verhalf bereits einigen aus seinem Freundes- und Bekanntenkreis zu ihrem eigenen kleinen Solarkraftwerk, die je nach Größe zwischen 350€-550€ kosten. Man spürt seinen großen Enthusiasmus, als er weiter erzählt: »Diese Bewegung weiter voranzutreiben, das ist mein Ziel. Ich möchte, dass der einzelne Mensch auch an der Energiewende teilhaben kann. Die Energiewende ist wichtig und alternativlos. Jede kleine Anlage führt dazu, dass wir einen Schritt in die richtige Richtung machen«.

Trotz der einfachen Handhabung und des offensichtlichen Mehrgewinns, wird diese nachhaltige Energie-Gewinnungsmethode bisher nur von einem kleinen Teil der Bevölkerung genutzt. Dabei könnte sie die Energiewende entscheidend voranbringen, denn: »Die Energie ist fast verlustfrei beim Nutzer, weil dieser auch der Erzeuger ist oder zumindest einen als Nachbarn hat. Es handelt sich also um eine dezentrale Lösung ohne die Überlandleitung. Wenn das Potenzial ausgeschöpft werden würde, dann könnte man auf den Ausbau der Netze fast verzichten«.

Wandel bedeutet für den Energiewende-Verfechter: »Wenn man sich selber einfach mal hinterfragt. Was kann ich verändern?« Anja, Moritz und der kleinen Tina schmecken die Erdbeeren im Schatten ihres zukunftsfähigen Stromerzeugers jedenfalls am besten. *TE*

When the Sanne family found out how expensive an awning for their balcony to protect them from all-day sunshine would be, father Moritz came up with a smart idea. He took a spur of the moment decision to use a balcony photovoltaic system as a multifunctional sun protection. The system, which is permanently installed on the balcony of Sanne family, is now available in different versions. This makes it possible to move, rearrange, attach or detach these mini power plants as one wishes. It is no longer necessary to own a rooftop to install a photovoltaic system

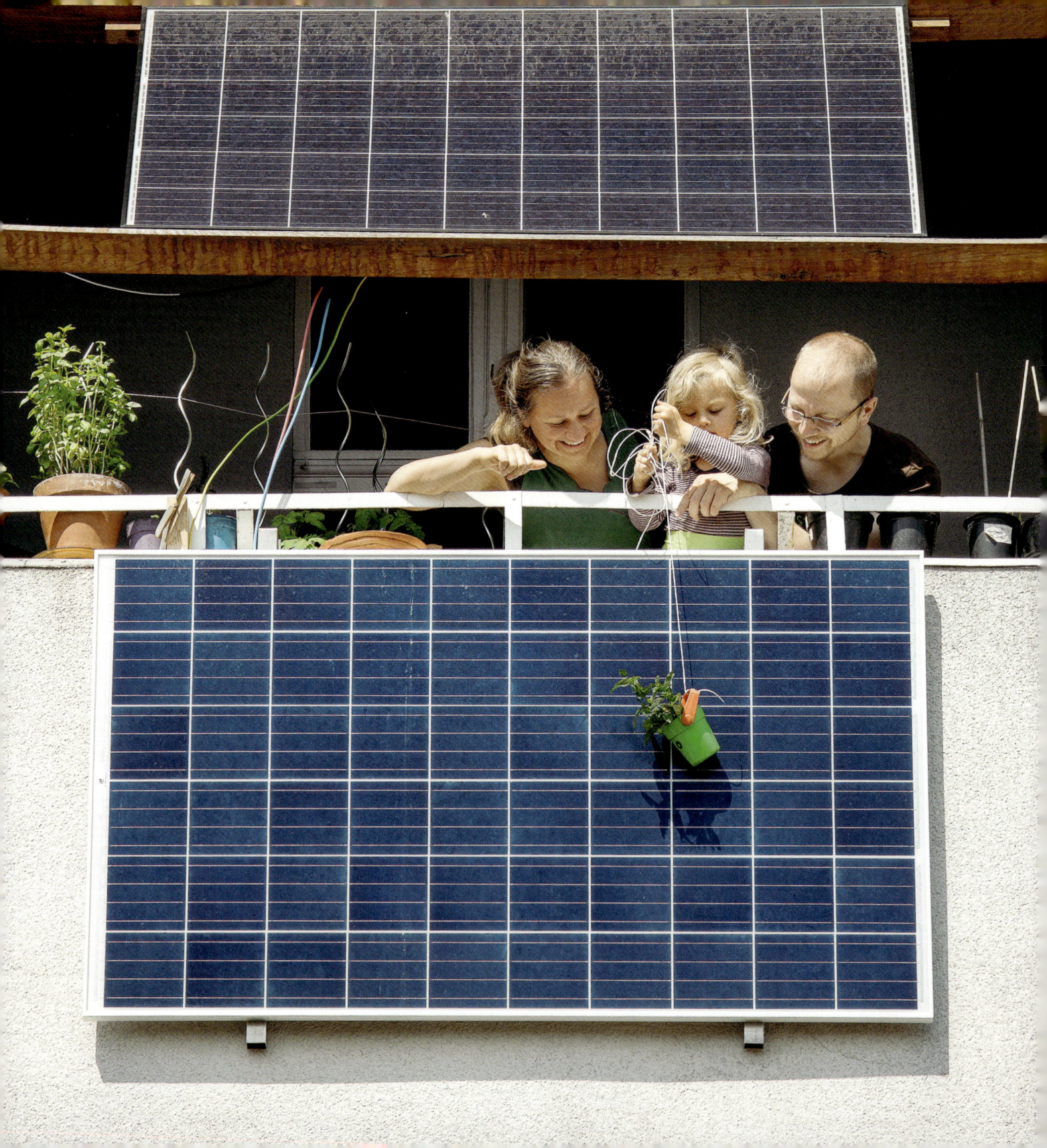

(PS). Whether installed on the car roof, on the roof of the garage, or set up in the garden – the options for using these small systems are many and various.

These sustainable energy producers are simple to install, generally only requiring a few minutes. »Plug'n'play - It's so easy that anyone can do it«, Moritz explains. A PS module, like the one the Sanne family uses, consists of a 265W PS panel, which produces direct current, and of a power inverter, which transforms the power into alternating current (domestic electricity). Subsequently, the energy is fed into the house's network and covers the basic needs of the three-member family. The mini power plant produces about 265 kWh per year, powering the fridge, the lights and the washing machine with sustainable energy. Apart from a clear conscience, the PS has a positive financial impact too, since the family's electricity usage has fallen sharply. »The electricity meter in the basement suddenly stopped moving«, says Moritz. Encouraged by the success of their first system, the family soon installed a second PS on their balcony.

Now the washing machine runs during the day instead of the evening to most efficiently use the energy produced. Surplus energy is fed into the power grid and supplies the neighbour directly too. The Sanne family doesn't make money from this surplus, »but we know that our energy is green«, Moritz notes happily.

Moritz works as a research associate at the University of Eberswalde and has already invented a wooden e-bike and a sustainable walker made of bamboo (more about these on pages 126-133). He is an advocate for the energy revolution and has already helped friends and acquaintances to install their own solar power plants, which, depending on their size, cost €350-€550. His enthusiasm is tangible as he continues: »It is my goal to help this movement progress. I want each person to be able to play a part in the energy transition. The energy revolution is crucial and unavoidable. Every single plant is a step into the right direction.«

So far, this energy production method is only used by a small part of the population, although it is easy to operate and obviously profitable. It could provide an important boost for the energy revolution, because »The energy remains almost entirely with the consumer, because they are also the producer, or at least have one as their neighbour. In other words, this is a decentralised solution, without needing power lines. If the potential were to be fully explored, we could almost do without expansion of the electricity network.«

For this advocate of the energy revolution, change means »Asking yourself: What can I change?« In any case, Anja, Moritz and little Tina all find their strawberries taste best in the shade of their sustainable generator. *TE*

1   Familie Sanne in der Hängematte (S. 107)
     Family Sanne in the hammock (p. 107)

2   Familie Sanne auf ihrem Balkon
     Family Sanne on their balcony

1 Anja und Tina in der Hängematte
Anja and Tina in the hammock

2 Moritz justiert den Winkel der Solaranlage
Moritz adjusting the angle of the solar panel

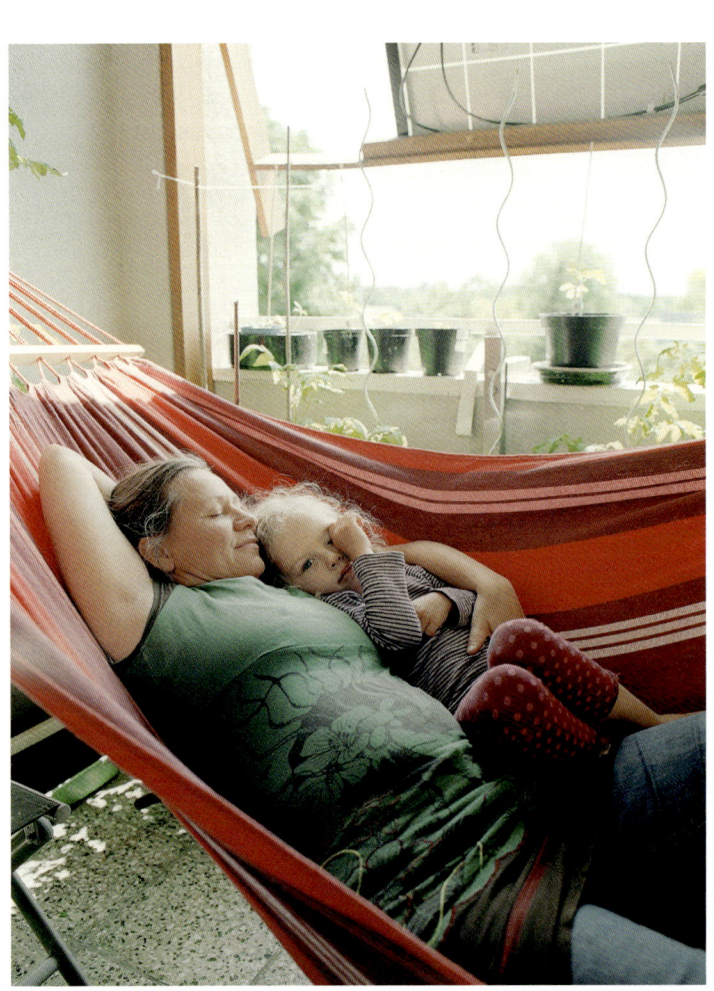

1

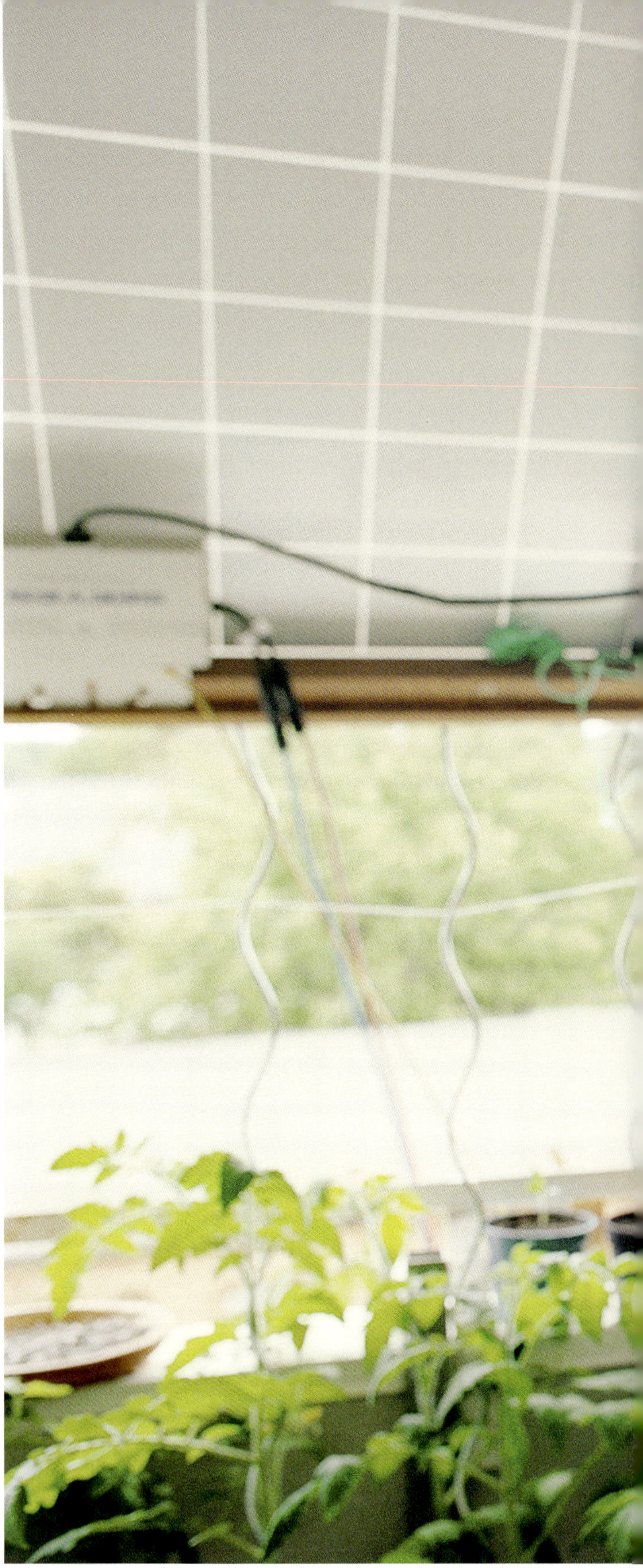

2

1

mobility

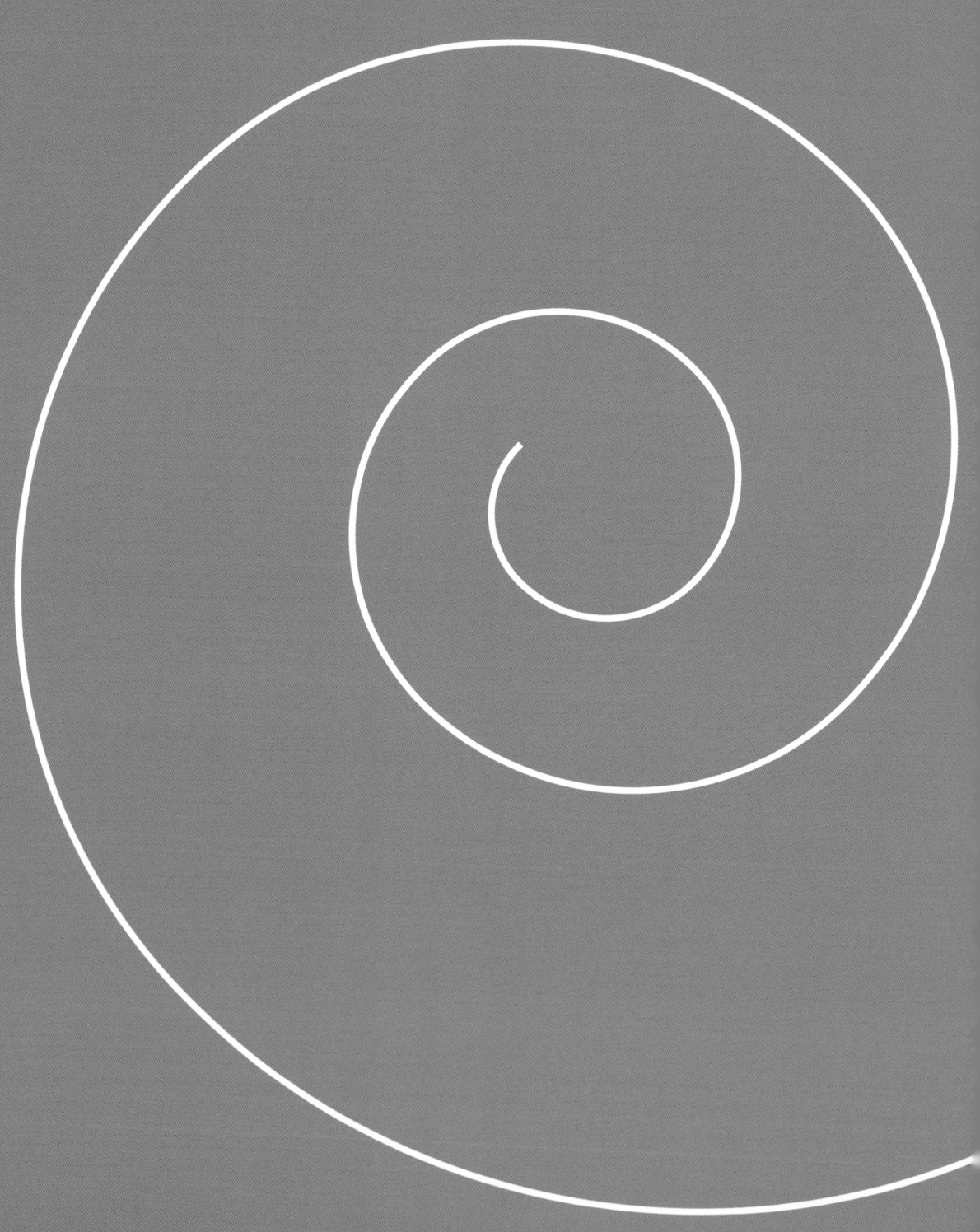

Mobilität

Ob beim Flug in den Urlaub, beim täglichen Weg zur Arbeit oder auch beim Kauf einer importierten Banane – Mobilität ist eine der wichtigsten Grundlagen der modernen Gesellschaft. Es scheint, kaum etwas würde heutzutage funktionieren, würden nicht tagtäglich Millionen von Menschen und Dingen hin und her bewegt werden. Auch unser soziales Leben spielt sich an

Der öffentliche Nahverkehr nimmt eine Schlüsselrolle in den Mobilitätskonzepten der Zukunft ein.

vielen verschiedenen Orten ab: In weit entfernte Länder reisen, dort zu arbeiten oder Freund:innen und Verwandtschaft zu besuchen, ist heute so einfach wie nie zuvor. Leider werden dabei fast immer Treibhausgase ausgestoßen. Wenig verwunderlich also, dass der Verkehrssektor mittlerweile fast ein Viertel der globalen Treibhausemissionen ausmacht.

Um diese Emissionen drastisch zu senken, brauchen wir neue Mobilitätskonzepte. Der motorisierte Individualverkehr hat als Lösung für das Mobilitätsbedürfnis der Bevölkerung ausgedient. Statt in Autobahnen muss wieder deutlich mehr in Schienen investiert werden, sowohl für den Personen- als auch für den Güterverkehr. Mit Fernstrecken und Nachtzügen ließen sich die meisten innereuropäischen Flüge ersetzen. Auch wenn es etwas mehr Zeit braucht: ist es nicht viel komfortabler, sich in einem Abteil die vorbeiziehende Landschaft anzugucken, als in unzähligen Flughafenschlangen zu warten?

Der öffentliche Nahverkehr nimmt eine Schlüsselrolle in den Mobilitätskonzepten der Zukunft ein. Gerade in Großstädten wird er dazu beitragen, das Auto zu ersetzen. Weniger Autos bedeuten auch mehr Platz für Fahrräder und Fußgänger:innen. Das Verkehrsnetz der Städte muss dementsprechend umgestaltet werden. Mit Ökostrom betrie-

bene Autos hätten immer noch ihren Platz – vor allem in dünn besiedelten ländlichen Gegenden, um den öffentlichen Nahverkehr zu ergänzen oder in Form von Carsharing-Modellen.

Langstreckenflüge stellen trotz vielversprechender Forschung wahrscheinlich noch lange ein schwer zu lösendes Umweltproblem dar. Doch gerade die Pandemie hat gezeigt, dass sich ein großer Teil ersetzen lässt: zum Beispiel durch Videokonferenzen statt Geschäftsreisen oder durch Urlaubsreisen zu näher gelegenen Zielen.

Noch etwa ein Drittel der gesamten Transportemissionen wird durch den Transport von Gütern verursacht. Auch wenn die mit dreckigem Schweröl betriebenen Containerschiffe vielleicht einmal in Zukunft mit umweltfreundlicherer Solar- und Windantriebe bewegt werden, bleibt der vielversprechendste Ansatz eine drastische Verringerung des globalen Rohstoff- und Warenverkehrs. Dieser Rückgang wäre aber eine logische Folge ökologischerer und gerechterer Lebens- und Produktionsweisen. Statt die Produktion dorthin zu verlagern, wo Arbeitskraft am wenigsten kostet, sollten Güter möglichst dort produziert werden, wo sie auch verbraucht werden. Durch langlebiges und reparables Design, konsequentes Recycling sowie einer Abkehr von der schnelllebigen Konsumkultur müssten auch weniger Rohstoffe und Produkte umhergeschifft werden.

Viele dieser Lösungen funktionieren nur dann, wenn wir unsere Lebens- und Wirtschaftsweise nicht auf maximale Effizienz und Schnelligkeit ausrichten, sondern auf Nachhaltigkeit. Gewinnen würde dann nicht nur das Klima, sondern auch wir selbst, indem wir zwar langsamere, aber dafür gesündere, ökologischere und entspanntere Arten finden, uns fortzubewegen. *JW*

Viele dieser Lösungen funktionieren nur dann, wenn wir unsere Lebens- und Wirtschaftsweise nicht auf maximale Effizienz und Schnelligkeit ausrichten, sondern auf Nachhaltigkeit.

Be it the plane that takes you on holiday, the train that makes your daily commute possible or the ship transporting the banana you just bought from the store – mobility is an ubiquitous feature of modern societies. It seems that few things would work if millions of people and things were not moved from point A to point B on a daily basis. Also, our social life takes place across many different spatial locations. Travelling

Public transportation plays a key role in the mobility of the future.

to distant countries to visit friends and family or to meet business partners has never been more accessible. Unfortunately, a substantial amount of greenhouse gases are emitted every time we step into a plane, train or car. Not surprisingly, the transport sector produces almost a quarter of all global greenhouse gas emissions.

To reduce these emissions drastically we need new concepts of mobility. The era of combustion engine vehicles as an all-round solution for increasing mobility has to come to an end. Instead of pouring money into the construction of new highways, far more needs to be invested in railways. Flights within Europe could be easily replaced by overnight trains. Even if it does takes longer, isn't it more relaxing to watch the landscape passing by than to wait in countless queues at the airport?

Public transport has a key role to play in the mobility of the future. Particularly in metropolitan areas this will be able to replace cars. Fewer cars also means more space for cyclists and pedestrians, who can move around more safely and quickly in a redesigned infrastructure that is catering to their needs. Cars would not entirely disappear – electric-powered vehicles and effective car-sharing platforms would support transportation requirements, especially in rural areas.

Long distant flights will pose a challenging problem for the environment despite promising research. But as the pandemic has shown, most of these journeys can be replaced by less CO_2-intensive alternatives: meeting virtually rather than taking trips for business and academic conferences, or taking vacations in less distant destinations.

One-third of all emissions from the sector are caused by freight transport. Even if at some point in the future giant container vessels are powered by solar or wind energy instead of dirty crude oil, the most promising approach is to drastically reduce the amount of goods and resources shipped around the globe. If we adopt more ecological ways of producing and consuming, freight transport volumes would decrease automatically. instead of shifting production to where labour costs the least, goods should if possible be produced where they are consumed. Durable and repairable design, as well as moving away from our fast-paced culture of consumption, would also mean fewer raw materials need to be extracted and shipped around the globe for production.

Many of these solutions will only work if we redirect our way of life and our way of doing business away from maximum profit, speed and efficiency towards maximum sustainability. The winner would not only be the climate, but ourselves as well. Getting from A to B would definitely be slower, but at the same time more relaxing, healthier and more sustainable. *JW*

Many of these solutions only work if we redirect our way of life and our way of doing business not towards maximum profit, speed and efficiency, but instead towards maximum sustainability.

Das Auto ist die ineffizienteste Form der Mobilität – in vielerlei Hinsicht. Die durchschnittliche Autofahrerin schiebt sich stockend durch die deutschen Innenstädte, umringt von drei leeren Sitzen, anderthalb Tonnen Blech und hunderten anderen Motorist:innen, die es ihr gleichtun. Wenn das Auto gerade nicht durch den zähfließenden Feierabendverkehr bewegt wird, steht es die meiste Zeit des Tages nutzlos am Straßenrand herum, im Durchschnitt sind es 23 Stunden am Tag. Raum, saubere Luft und Ruhe gehören zu den knappsten Ressourcen in Großstädten, und das Auto geht von allen Mobilitätsformen am verschwenderischsten mit ihnen um. Um das Klima zu schützen und in Zukunft lebenswertere Städte zu haben, reicht es daher nicht, einfach das Benzin durch Akkus zu ersetzen, sondern es braucht neue Konzepte.

Kopenhagen ist weltweit eine der Städte, die diesen Gedanken am konsequentesten umgesetzt haben. Längst ist das Fahrrad das Verkehrsmittel der Wahl für die Kopenhagener:innen. In der dänischen Hauptstadt gibt es fünfmal so viele Fahrräder wie Autos, 62% der Kopenhagener:innen fahren mit dem Fahrrad zur Arbeit oder zur Schule – und das bei jedem Wetter und jeder Jahreszeit.

Grund ist nicht etwa, dass Kopenhagener:innen besonders sportlich oder umweltbewusst im Vergleich zu deutschen Großstädter:innen wären. Vielmehr ist es Ergebnis jahrelanger kluger Verkehrspolitik. In Kopenhagen gibt es über 400km Fahrradwege. Ein großer Teil davon ist baulich von den Fußwegen und Autospuren getrennt und breit genug, um mehreren Fahrradfahrenden nebeneinander Platz zu bieten. Kreuzungen sind so gestaltet, dass rechtsabbiegende Autos Fahrräder frühzeitig erkennen. Es gibt eigene Ampelphasen für Radfahrer:innen, um einen fließenden Verkehr sicherzustellen. Falls es doch mal rot ist, gibt es spezielle Haltestangen für Radfahrende. Schnellstraßen und Brücken eigens für die ökologischen Zweiräder sorgen dafür, dass man mit dem Pedalantrieb oft schneller das Ziel erreicht als mit dem Auto. Und soll doch mal etwas Schweres transportiert werden oder die Kinder mitgenommen werden, behelfen sich die Kopenhagener:innen mit praktischen Lastenrädern, die in vielen Manufakturen der Stadt hergestellt werden.

Das Ergebnis ist, dass Radfahren in Kopenhagen nicht nur deutlich bequemer ist, sondern auch sicherer. So ist die Zahl der Verkehrsunfälle in Kopenhagen um 90% geringer als in vergleichbaren deutschen Städten – fehlende Sicherheit ist einer der Hauptgründe, warum viele Verkehrsteilnehmende hier trotz aller Widrigkeiten das Auto dem Fahrrad vorziehen.

Dementsprechend gibt Kopenhagen auch ein Vielfaches dessen aus, was deutsche Städte in ihr Fahrradnetz investieren. 36€ pro Kopf und Jahr waren es im Jahr 2018, im Vergleich zu gerade Mal 5€ in Berlin. Doch die Investition rentiert sich schnell. Denn jeder mit dem Auto gefahrene Kilometer kostet die Allgemeinheit Geld. Die Kosten für die Folgen der Umweltverschmutzung, der durch den Treibstoff verursachten Erderwärmung und Schäden an der Infrastruktur beträgt 15ct pro gefahrenen Kilometer. Vom Fahrradfahren profitiert die Gesellschaft hingegen mit 16ct pro Kilometer.

Also – rauf aufs Rad und Kopenhagenize! *JW*

When it comes to urban areas, the car is in many respects one of the most inefficient means of transportation. Surrounded by three empty seats and several tons of steel, the average motorist squeezes themselves through the slow-moving traffic of the inner city. When the car is not jammed in the evening rush hour, it is usually uselessly standing at the side of the road, taking up space that could be used better in almost any way imaginable. Space, clean air and silence are among the most sought-after resources in metropolitan areas. Paradoxically, cars are extremely wasteful to all of these resources. To protect the environment and also create more livable cities, it will not be enough simply to replace fossil fuel-powered cars with battery-powered vehicles. Instead, we need new concepts of transportation.

Copenhagen is one the cities that has already fully embraced this thought. For quite some time Copenhagen residents have favoured the bicycle over the automobile as their transport of choice.

There are five times as many bicycles as cars in the Danish capital. Almost two-thirds of Copenhagen residents use their bike for their daily commute – year round, rain or shine.

The reason is not that Copenhagen's people are more conscience about their health or their environment compared to inhabitants of other capitals. The popularity of bikes is the result of years of smart traffic policies. Currently, there are over 400km of bike lanes in Copenhagen. Most of these are broad enough for multiple bikes to ride parallel to one another. Furthermore, they are clearly separated from motorized vehicle lanes. Crossings are designed in a way that a cyclist will be seen well in advance by right-turning vehicles. There is also an independent traffic light circuit for cyclists — all to try to make sure cyclists and motorists do not get in each other's way and that bike traffic runs smoothly. If the lights turn red anyway, there are special holding bars for cyclists. Special fast cycle routes and bridges enable Copenhageners to reach their destinations usually faster by bike than by car. And if there is something heavy to transport, or the kids want to join in for a ride, sturdy cargo bikes can be used that are manufactured in numerous workshops in the city.

The result of all these measures is that cycling in Copenhagen is not only far more comfortable than in most German cities, for example, but is also much safer. The number of road accidents is on average 90% lower than in Germany. The lack of road safety is one of the main reasons why many Germans in urban areas prefer to drive rather than cycle.

Not surprisingly, Copenhagen invests substantially more than German cities in their cycling infrastructure. The numbers tell a clear picture. Copenhagen spent €36 per resident on cycling infrastructure in 2018, in contrast to a mere €5 in Berlin. This investment quickly pays for itself, because each kilometer driven by a car costs society an estimated 15 Cents through climate change effects, damaged roads and air pollution. Conversely, society profits by 16 Cents for each kilometer travelled by bicycle.

The message is clear: get on your bike and Copenhagenize! *JW*

2

3

4

1 Fahrradbrücke Snakebridge in
Kopenhagen (S. 119)
Snake Bridge bicycle bridge in Co-
penhagen (p. 119)

2 Breite, blau markierte Fahrradwege
Wide, blue coloured bikeways

3 Fahrradständer
Bicycle stands

4 Straßenmarkierungen für
Fahrradfahrer
Markings on the streets
for bicycles

5 Haltestangen für Radfahrer an
Ampeln
Handrails for cyclists at a
traffic light

1

2

3

4

5

education

Bildung

Das Leben als permanenten Entwicklungsprozess begreifen, die Chancen und Risiken in aufkeimenden Ideen richtig einschätzen und das Ökosystem als Ganzes in Entscheidungen miteinbeziehen: Dies sind wichtige Fertigkeiten, die im konventionellen Bildungssystem derzeit nur selten geschult werden. Zudem ist Bildung sogar

Umso wichtiger wird es, den nächsten Generationen Systemkompetenzen wie zum Beispiel nachhaltiges Denken, zu lehren.

in Deutschland nicht für alle qualitativ gleich zugänglich. Es findet häufig nur eine unzureichende individuelle Interessenförderung statt. Lernschwache Schüler:innen werden nicht effizient genug gefördert. Die Klassengröße überschreitet im durchschnittlichen deutschen Klassenzimmer 30 Kinder und ein schwacher Sozialstatus ermöglicht Kindern keinen Zugang zu solidarischem, exzellentem Lernen. Umso wichtiger wird es, den nächsten Generationen Systemkompetenzen wie zum Beispiel nachhaltiges Denken, zu lehren. Dazu zählen Fähigkeiten wie das Begreifen von Kreislaufwirkungen in Natur- und Gesellschaftssystemen, die Selektion existenzieller Informationen, die damit verbundene Reduktion von Komplexität sowie interkulturelle Akzeptanz und achtsame Kooperationsfähigkeit.

Nicht nur interdisziplinäres Wissen, sondern auch das autonome Teilhaben an gesellschaftlichen Entscheidungsprozessen wie zum Beispiel der Wahl einer zukunftssichernden Partei, sollten

Teil des Lehrplans sein. Auch die Neugierde auf ökosystemrelevante Hintergrundinformationen, wie Kenntnisse über die Relevanz von Bienenvölkern in der Landwirtschaft, gehören in dieses Feld des nachhaltigen Lernens. Eine praktische Umsetzung dieser Lehrprinzipien findet sich stellenweise schon in Gesamtschulen mit Lernpatenschaften, ökologisch orientierten Bildungseinrichtungen mit Lernprogrammen im Schulgarten oder im Konzept der Waldkindergärten. In den dortigen Formaten werden tiefe emotionale und prägende Beziehungen zu dem Lernort Natur aufgebaut. Dabei werden Lernformate aus den Erfordernissen der kindlichen Entwicklung heraus bestimmt und es findet eine gleichzeitige Schulung der ökologischen Fähigkeiten statt. Allerdings ist die Stärkung der eigenen Sozialkompetenzen und die Verbindung zur Natur im Gesamtschulsystem – abseits von Nischenkonzepten – weiterhin dringend zu fördern.

Ein globales Verständnis und Maß an Gestaltungskompetenz bilden die Grundpfeiler einer gesunden Resilienz und Selbstwirksamkeit des Kindes der Zukunft. Dieses Lernen bildet die politische Grundlage für eine funktionierende Weltzivilisation. So können Folgegenerationen als mündige Weltbürger:innen autark sein und für die Lebensgrundlage der Gemeinschaft agieren. *LL*

Allerdings ist die Stärkung der eigenen Sozialkompetenzen und die Verbindung zur Natur im Gesamtschulsystem – abseits von Nischenkonzepten – weiterhin dringend zu fördern.

Today's education system lacks some of the fundamental cornerstones required to face the current problems. Skills like understanding life as a process of ongoing development, assessing the opportunities and risks in budding ideas and considering the entire ecosystem in decision-making. Even in Germany, a quality education is not equally available to all. Often students with poor grades or marks are not sufficiently supported to improve. The average class size in Germany exceeds 30 children and social disad-

This includes skills such as understanding the effects of the circulatory system in natural and social systems, the selection of important information, reduction in complexity as well as intercultural acceptance and mindful cooperation.

vantage denies children access to inclusive and excellent learning opportunities. It is therefore all the more important to teach future generations about systems thinking. This includes skills such as understanding circular effects within natural and social systems, selecting key information, a related reduction in complexity, and also intercultural acceptance and mindful cooperation.

Not only interdisciplinary knowledge but also independent participation in social decision-making, such as the choice of a political option ensuring future sustainability, should be part of the syllabus.

Curiosity about background information relevant to ecosystems, such as information about the importance and relevance of bees in agriculture, are also part of sustainable education. A practical implementation of these principles can already be found in some comprehensive schools that have learning partnerships, educational institutions with an environmental focus, those with learning programmes using outdoor spaces, and the concept of forest kindergartens. In these settings, students can develop profound, formative and emotional relationships with nature as a place of learning. Educational formats are based on the requirements of child development alongside the acquisition of ecological skills. However, strengthening the social skills of individuals and their connection to nature within the entire comprehensive school system, rather than as a niche concept urgently requires further support.

A global understanding of and measure of design competence provides the foundation for a healthy resilience and self-fulfilment for future generations of children. This learning forms the political basis for a functioning world civilization. This will enable subsequent generations to have a voice as world citizens, to be self-sufficient and to act to preserve the basis of life for the community as a whole. *LL*

However, strengthening one's own social skills and their connection to nature in the comprehensive school system – apart from niche concepts – must urgently be continued.

Floating University

Gut versteckt hinter Bäumen, gelegen zwischen Kleingärten und nur wenige hundert Meter entfernt vom stillgelegten Flughafen Tempelhof, befindet sich mitten in Berlin die *Schwimmende Universität*[1]. Der Name täuscht etwas, denn die meisten Plattformen des Campus sind fest im Boden des Regenrückhaltebeckens verankert.

2018 gründeten eine Gruppe von Architekt:innen, Künstler:innen, Wissenschaftler:innen und Studierende verschiedenster Fachrichtungen die *Floating University* als ein Ort des Lernens, des Experimentierens und des Machens. Ursprünglich sollte sie im selben Jahr wieder abgebaut werden, das Projekt konnte aber aufgrund der positiven Resonanz um zwei Jahre verlängert werden. Mittlerweile wird die Floating University von einem Verein betrieben. Sie versteht sich als Plattform für Workshops, Installationen, Kunst und Wissensvermittlung. Hier werden verschiedene Zukunftsentwürfe des urbanen Zusammenlebens erprobt und praktiziert.

In dem betonierten Becken sammelt sich knöchelhoch das Regenwasser, welches auf das stillgelegte Flugfeld fällt, um dann in die Kanäle geleitet zu werden. Obwohl das Wasser belastet ist mit Benzin und Kerosin, haben sich hier zahlreiche Pflanzen und Tiere angesiedelt, darunter verschiedene Algenarten. Zuletzt hat auch die Floating University hier ihren Raum gefunden.

Besucher:innen können das Biotop erkunden und die Algen untersuchen. Erprobt werden auch Wege, das belastete Wasser zu filtern, um es als Trink- und Gießwasser wieder aufzubereiten und so für die Duschen, Toiletten und Pflanzenbeete der Universität verfügbar zu machen. In einem anderen Workshop lernt man über die Lebensräume von Insekten, Moosen, Pilzen und Mikroorganismen – um sie dann für die urbane Umgebung nachzubauen.

Mit der Floating University haben die Macher:innen einen Ort der Kultur und Begegnung geschaffen, der nicht nur Akademiker:innen anspricht. So gibt es ein spezielles Programm für Heranwachsende und regelmäßige Nachbarschaftsprogramme. Auch die Kinder von der kürzlich geschlossenen benachbarten Geflüchtetenunterkunft kamen schon vorbei, um das Biotop in Gummistiefeln zu erforschen. Der Ort verkörpert im kleinen, was Stadt in einer postkapitalistischen, nachhaltigen Welt sein könnte. Eine Welt, in der Natur und Kultur kein Gegensatz mehr sind, sondern untrennbar miteinander verflochten koexistieren. Die Floating University zeigt, städtischer Raum muss nicht das Ergebnis von der Unterwerfung der Natur durch den Menschen sein, sondern kann etwas sein, was durch beide zusammen geschaffen wird. *JW*

Well-hidden behind trees and gardens in the center of the city, only a few hundred meters away from the former airport of Tempelhof, lies the *floating university*. The name is a bit misleading – it is not a state-approved university and thus not allowed to carry the title officially.[1] Also most of the platforms on which it rests are not really floating but tightly anchored into the floor of the rainwater storage basin.

In 2018, a group of architects, artists and scientists of various subjects and their students created the floating university as a space that invites people to experiment, learn and make. Originally it was planned that the campus would be dismantled the same year but due to the overwhelmingly positive reaction, the project was extended for two years. Meanwhile the »university« is run by a registered association. The project sees itself as a platform for workshops, installations and the arts and as a place of knowledge and learning.

Different visions of urban community are created and practised here. In the concrete basin, rainwater from the adjacent abandoned Tempelhof airfield is collected and directed into the city's water system. Despite contamination with petrol and jet fuel, many plants and animals have found a home in the basin, among them different types of algae. The floating university is one of the latest newcomers in this community. Visitors can come here to explore the biotope, where examining the algae is only one of the options for exploration. At another workshop, visitors can learn about the habitats of insects, moss, mushrooms and microorganisms in order to rebuild these in the urban environment. Attempts have been made to purify the contaminated water to use as drinking wa-

---

1   Da sie keine anerkannte Universität im klassischen Sinne ist, darf sie den Titel nicht mehr im Namen tragen – bis ein neuer Name gefunden ist, bleibt das »University« durchgestrichen.

2   Since the project doesn't not have a new name yet we will use the stroke through form: university.

ter and irrigation for the plants grown at the site. More than just a place for learning, the creators have also made space for culture, supporting encounters between people, the city and nature, in a way that appeals not only to academics. There is a special programme for young people and regular programmes for the local community. Even the kids from the recently closed nearby refugee centre came to explore the basin in their rubber boots.

The place embodies on a small scale what urban living in a post-capitalistic, sustainable and ecological society could be: A world where nature and culture are not opposites but rather inseparably co-existing. The floating ~~university~~ proves that urban space does not necessarily mean the subjugation of nature by mankind, but is something that can also be co-constituted by both. *JW*

2

3

4

1

2

3

Nachhaltigkeit meint, lebendig zu sein. Ein Ort, an dem dies besonders bewusst erforscht und wissenschaftlich begleitet wird, ist die *Hochschule für nachhaltige Entwicklung Eberswalde*. Seit 1830 ist die ehemalig forstliche Hochschule ein Zentrum für Wissenschaft, rund um die Themen Zukunftsfähigkeit in Wirtschaft, Landwirtschaft, Holzingenieurwesen und Forstwirtschaft. Die kommunale ökologische Wende ermöglicht einen hohen Praxisbezug in der Lehre und spannende Projekte im Berliner Umland.

Schirmherrin des betrieblichen Klimaschutzes ist das Multitalent und die Ressourcenschutzbeauftragte Kerstin Kräusche. Mit einem lodernden Feuereifer achtet sie auf die eigene Klimabilanz der wissenschaftlichen Einrichtung nördlich von Berlin und wirkt als Wegbereiterin für zahlreiche hochschulinterne sowie -externe Projekte. Die Nachhaltigkeitsleistung der Mensen und die Klimaneutralität der HNEE werden kontinuierlich verbessert und Mobilitätskonzepte werden entworfen. Zusätzlich finden offene Veranstaltungen wie die »Nachhaltigkeitstage« statt, die mit aktuellen Themen viele Ökologie- sowie Innovationsinteressierte auf den Barnimer Campus locken.

An den vier Fachbereichen werden außerordentliche Forschungsleistungen vollbracht. Dazu zählt auch das Pilzprojekt von Malte Larsen, welcher International Forest and Ecosystem Management studierte. Er forschte während seines Studiums an einem natürlichen Verbundstoff aus Pilzen. Leider musste die Herstellung aufgrund eines Patentes aus den USA teilweise eingestellt werden. Unermüdlich entsprangen dem Jungforschergeist dabei viele neue Ideen, wie z.B. Klimasimulations-Container zur urbanen Pilzzucht, Fleischersatzstoffe und diverse andere Konzepte.

Diese konsequente Forschung an praktischen Lösungen sei als friedliche, ökosystemerhaltene Koexistenz zwischen der Menschheit und allen Mitlebewesen in ihrer Vielfalt zu verstehen, erklärt Malte Larsen – losgelöst von der Fachhochschule. Dies sei von zentraler Bedeutung für unser Wohlergehen auf diesem Planeten. Viel wichtiger aber als technische Lösungen sei in diesen Tagen eine kulturelle und spirituelle Revolution: »Leidenschaft am Spielen und Wissensdurst treiben mich an. Wenn etwas nicht funktioniert, will ich wissen warum und es besser machen. Patente sind von gestern. Open Source ist die Zukunft«.

Auch der diplomierte Ingenieur Moritz Sanne bastelt für sein Leben gern an nachhaltigen Innovationen. In Kooperation mit verschiedenen Partnern, für offizielle Forschungsprojekte entwarf er das legendäre Holzfahrrad, das mittlerweile stadtbekannt ist und einen Bambus-Rollator. Das Wood-E-Bike ist aus heimischer Esche und die Reichweite bei einer Geschwindigkeit von 25km/h beträgt bis zu 100km. Wir warten auf die Serienproduktion! *LL*

Sustainability means being alive. The *Eberswalde University of Sustainable Development* (HNEE) is a place in which this is researched with particular insight and awareness from a scientific perspective. Since 1830, the former forestry university has been a centre for research into future sustainability in business, agriculture, timber engineering and forestry. The communal ecological transition enables a high degree of practical relevance in teaching and exciting projects in the Berlin area.

The institutional figurehead of climate protection is the Resource Protection Officer, Kerstin Kräusche. She monitors the research institution's own climate protection rating and acts as an advisor for numerous internal and external projects. The sustainability performance of the cafeteria is continuously being improved, mobility concepts designed and the climate neutrality of the HNEE ensured. In addition, there are public events such as the »Sustainability Days« that bring people with an interest in ecology and innovation to the Barnim campus to discuss current topics.

Brilliant research work takes place across the four departments: this includes the Mushroom Project by the International Forest and Ecosystem Management postgraduate, Malte Larsen, researching a natural composite material derived from mushrooms. Due to a patent from the United States, production had to be partially discontinued. Despite the setback, the young researcher has developed various other projects e.g., cli-

1-2 Waldcampus
der Fachhoch-
schule
Forest campus
of the University

mate simulation containers for urban mushroom cultivation, meat substitutes and various other concepts.

Larsen points out that this determined search for practical solutions should be understood as the peaceful ecosystem-preserving coexistence between humanity and all fellow beings, which is crucial to our well-being on this planet. Yet he also feels that a cultural and spiritual revolution is even more important than any technical solution. »My passion for playful exploration and thirst for knowledge drive me onward. If something doesn't work, I want to know why and to do it differently. Open source is the future.«

The engineer Moritz Sanne also loves to create sustainable innovations. In cooperation with various partners, he developed a legendary wooden bicycle for an official research project, which is now known throughout the city of Eberswalde, as well as a bamboo walker for the elderly. Made from local ash tree, the wooden e-bike has a range of up to 100km at speeds of 25km/h. We look forward to this going into production! *LL*

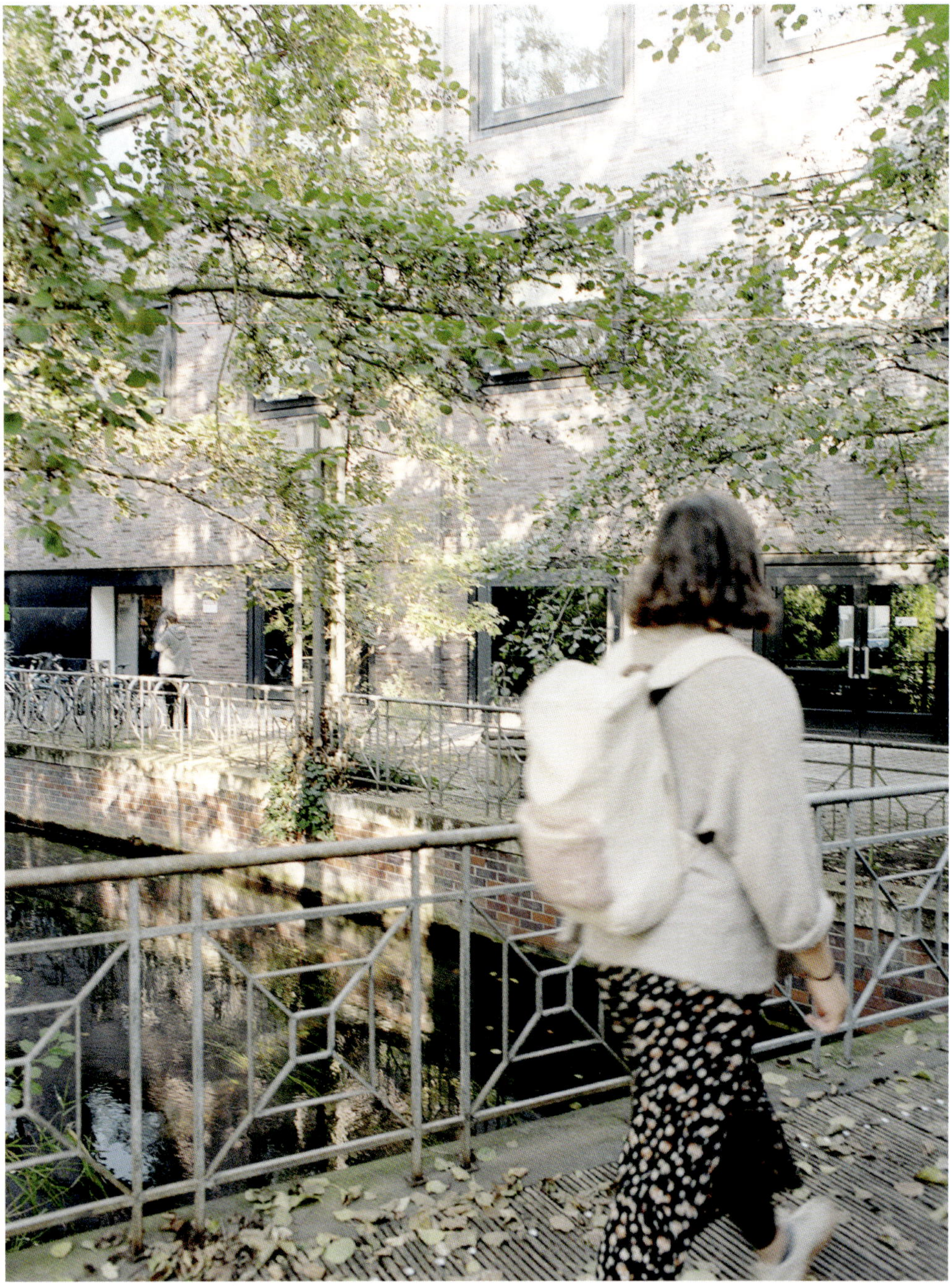

1

2

1 Stadtcampus der Fachhochschule
Campus in the city of Eberswalde

2 Mülltrennung auf dem Campus
Recycling bins on the campus

3 Referentin für Nachhaltigkeit
Kerstin Kräusche
Expert for sustainability,
Kerstin Kräusche

4 Flaggen am Fachhochschulcampus
Flags on the university campus

5 Bibliotheksgebäude der Fachhochschule
Library on the university campus

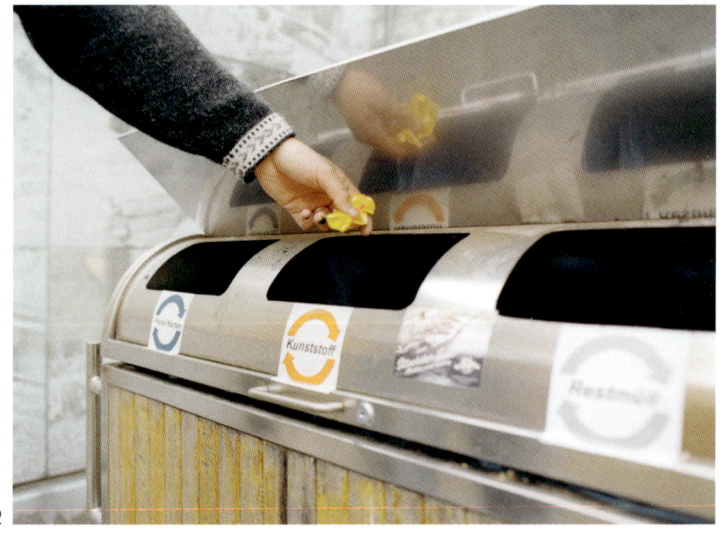

3

4

5

1   Verschenkebox auf dem Campus
Freebox on the Campus

2-3   Außenansicht verschiedener
Gebäude der Fachhochschule
Outside view of the university body

4   Sträucher auf den Grünflächen des
Stadtcampus
Shrubs on the green areas of the city
campus

5   Studentin Selena bei der
Verschenkebox
Selena, a student at the Freebox

1

2

1-3 Malte Larsen bei der Arbeit mit seinen
Pilzkulturen
Researcher Malte working with his
funghi cultures

4 Wissenschaftlicher Mitarbeiter
Moritz auf dem von ihm entwickel-
tem hölzernem E-Bike
Research fellow Moritz on wooden
e-bike he designed

5-6 Moritz mit einem von ihm
entwickelten Rollator aus Bambus
Moritz with his walker design, made
of bamboo

3

4

5

6

consumption

Konsum

Früher hatte Konsum die Aufgabe, die Grundbedürfnisse des Menschen zu decken. Doch wer heute shoppen geht, tut dies selten nur um satt zu werden. Gelenkt durch manipulative Werbestrategien der Industrie, welche auf die tiefsten menschlichen Bedürfnisse und Wünsche anspie-

Wenn sich unser Konsumverhalten nicht verändert, werden die natürlichen Ressourcen der Erde jedoch nicht mehr lange für alle Menschen ausreichen.

len, scheint das Begehren nach immer neuen Produkten niemals gestillt. Gerade die Bürger:innen der westlichen Welt konsumieren viel zu viel – Tendenz steigend!Dabei dienen Konsumgüter in unserer kapitalistisch orientierten Gesellschaft dem Ausdruck der eigenen Persönlichkeit. Konsum verspricht nicht nur gesellschaftliche Anerkennung, sondern auch emotionales Erleben. Ähnlich wie bei dem Konsum einer Droge setzt der Kaufprozess den stimmungsaufhellenden Botenstoff Dopamin im Gehirn frei. Ein kurzer Moment der Freude, für den die Umwelt einen hohen Preis zahlt.

Für die Herstellung von Gütern werden wichtige Rohstoffe wie Erdöl und Phosphor abgebaut. Wenn sich unser Konsumverhalten nicht verändert, werden die natürlichen Ressourcen der Erde jedoch nicht mehr lange für alle Menschen ausreichen. Während der Produktion entstehen jede Menge Treibhausgase, die die Erderwärmung beschleunigen. Der entstehende Müll wächst uns über den Kopf. Waren legen oft beträchtliche Transportwege zurück, bevor sie bei den Konsument:innen landen. Giftstoffe aus der Industrie belasten die Böden und das Grundwasser. Experten warnen schon heute vor drohenden Konflikten um Süßwasserressourcen und Ackerflächen. Zudem werden Wälder großflächig abgeholzt und gehen als CO2-Speicher verloren. Mit ihnen verschwindet die Lebensgrundlage unzähliger Tiere, Pilze und Pflanzen. Folgerichtig kann man sagen: Je mehr wir verbrauchen, desto stärker schädigen wir unsere eigene Lebensgrundlage. Ausgebeutet wird nicht nur die Natur, sondern auch der Mensch.

Oft werden Güter im globalen Süden unter menschenunwürdigen Bedingungen hergestellt. Dabei landet ein winziger Teil des Verdienstes bei den Arbeiter:innen, die täglich ihre Gesundheit riskieren für unser nächstes Schnäppchen. Die Verbraucher:innen müssen sich ihrer Verantwortung wieder bewusst werden, denn sie nehmen durch ihre Kaufentscheidung maßgeblich Einfluss auf die Produktion. Werden umweltschädliche und unsolidarisch produzierte Waren nicht mehr gekauft, so können sie auf dem Markt nicht bestehen – die Produktion wird eingestellt.

Nachhaltiger Konsum muss für Mensch und Natur dauerhaft verträglich sein. Im Supermarktdschungel kann man sich an Qualitätssiegeln wie dem Fairtrade oder dem Biosiegel orientieren. Auch wenn die verschiedenen Prüfsiegel unterschiedlich strenge Auflagen haben und deshalb kritisiert werden, so sind sie doch die nachhaltigere Wahl. Im Vergleich zu konventionell hergestellter Ware stellen Güter mit diesen Siegeln einen Mindeststandard dar, der die Umwelt, Menschen und Tiere schont. Die nachhaltigste Konsumform ist unbestritten der Direktbezug von regionalen Hersteller:innen, welche ihre Waren auf Wochenmärkten und in Hofläden anbieten. In Deutschland haben sich beispielsweise Institutionen wie die Marktschwärmer gebildet, ein Zusammenschluss von Produzent:innen, die vorbestellte Waren auf einem wöchentlichen Markt anbieten. Auch Gemüsekisten erfreuen sich immer größerer Beliebtheit.

Klar ist, dass nicht nur der Einzelne etwas verändern kann. Es ist ebenso notwendig, dass sich Industrie und Politik einem Wandel unterziehen. Die Industrie könnte auf umweltverträgliche Rohstoffe zurückgreifen und die Haltbarkeit und Garantie ihrer Produkte verlängern. Ein weiterer Schritt in die richtige Richtung wäre es, darauf zu achten, dass Konsumgüter reparabel und recyclebar sind. Eine politische Regulierung der Industrie könnte durch Subventionen und Verbote erfolgen. So könnte beispielsweise die Nutzung umweltgefährdender Stoffe verhindert und nachhaltige Wirtschaftskreisläufe gefördert werden. In dieser noch fernen Zukunftsvision eines nachhaltigen Einkaufsverhaltens konsumieren Menschen zwar weniger, dafür aber qualitativ hochwertiger. *TE*

In the past, consumption meant fulfilling our basic needs. Those who go shopping today rarely do it just because they are hungry. Guided by manipulative advertising strategies, which appeal to our deepest needs and wishes, our constant desire for new products is never satisfied. Citizens of the western world especially consume and consume – an increasing trend. In the capitalist-driven society, consumer goods serve as an expression of one's own personality. Consumption not only promises social recognition, but also emotional experiences. Similar to the effect of some drugs, shopping releases the mood-lifting messenger substance dopamine inside the brain. It is a short moment of joy, for which our environment has to pay a high price.

Important resources like petroleum and phosphorus are used for the production of goods. If our consumption habits do not change, earth's natural resources will run out and will no longer be

If our consumption habits do not change, earth's natural resources will run out and won't be sufficient for all humans anymore.

sufficient for all humans. Large amounts of greenhouse gas emissions are released during production, which accelerate global warming. Our landfills are overflowing. Goods often have to travel huge distances to reach the consumer. Toxic substances from the industry damage our soil and groundwater. Experts are already warning about potential conflicts around freshwater resources and farmland. Furthermore, extensive swathes of forests are cleared and lose their function as CO_2 storage. The habitat for numerous plants, fungi and animals are lost simultaneously through deforestation. It is safe to say that the more we consume, the more we reduce the basis for all life on the planet.

Not only nature but also humans are exploited. Goods are often produced under inhumane conditions in the global south. Unfortunately, a very little portion of the earnings for these products ends up in the pocket of the labourers. The same labourers risk their health on a daily basis for our next good shopping deal. The consumer needs to be aware of their responsibility, because their purchase decision significantly influences the production practices. In order to end exploitative production practices, consumers need to make a conscious decision not to buy products that promote such inhumane labour conditions.

Sustainable consumption needs to harmonize with nature and humans. Inside the supermarket chaos, consumers can orientate themselves by looking for quality marks, like the fairtrade or organic certification marks. Although different certifications have different standards, a point that is often criticized, they still support more sustainable options. Compared to conventionally produced goods, the products with quality marks present a minimum standard which preserves nature, animals and people. The most sustainable form of consumption is indisputably buying directly from regional producers at weekly markets and farm shops. Institutions such as Marktschwärmer in Germany offer their pre-ordered goods at weekly markets. The popularity of Gemüsekisten, or vegetable boxes, is on the rise. These veg boxes are delivered from the producers directly to their customer's homes.

It is clear that it is not only the individual that needs to change. It is also necessary that politics and industry make changes too. Manufacturing industry could work with environmentally compatible resources and extend the durability of their products. Another step in the right direction would be to make products that are serviceable and recyclable. Politicians could regulate production through subsidies and restrictions. The usage of environmentally polluting materials could be prevented this way and sustainable economic cycles supported instead. With sustainable consumption habits, people would consume less in future, but therefore of a better quality. *TE*

In Plastik eingeschweißte Produkte findet man hier nicht, dafür große Abfüllbehälter und nachhaltige Artikel aus Holz, Bambus oder Zellulose. Im Berliner *Original-Unverpackt*-Laden ist der Name Programm: Der alternative Supermarkt ermöglicht es seinen Kund:innen, verpackungsfrei einzukaufen – als einer der ersten Unverpackt-Läden in Deutschland.

Nach einer erfolgreichen Crowdfunding-Kampagne eröffneten Sara Wolf und Milena Glimbovski den »Original-Unverpackt«-Laden 2014 in der Wienerstraße am Görlitzer Park. Im Jahr 2016 folgte ein Online-Shop mit recyceltem Verpackungsmaterial und klimaneutralem Versand; im Jahr 2019 der zweite Berliner Laden im Westen Kreuzbergs. Die beiden Gründerinnen haben sich mit ihrem Konzept dem Zero-Waste-Lifestyle verschrieben, mit dem umweltbewusste Menschen weltweit versuchen, ein möglichst müllfreies Leben zu führen. Mehr als 600 Artikel zählt das aktuelle Sortiment, darunter nicht nur Lebensmittel, sondern auch Kosmetik, Reinigungsprodukte und wiederverwendbare Behältnisse. Die Kund:innen kommen mit eigenen Dosen, die sie vor und nach dem Befüllen mit ihren Wunschprodukten abwiegen.

Der »Original-Unverpackt«-Laden zeigt, wie erfolgreich dieses Konzept ist: Etwa 120 Kunden kommen im Durchschnitt jeden Tag in die Kreuzberger Filiale. Es finden Führungen für Schulklassen statt, bei denen sie einiges über Recycling und Müllvermeidung lernen. Auf der Website bieten die Gründerinnen einen Online-Kurs an, der erklärt, wie man seinen eigenen Unverpackt-Laden eröffnet. Zudem hält Milena Vorträge rund um die Themen Nachhaltigkeit, Zero Waste und Entrepreneurship auf Konferenzen und Veranstaltungen.

»Original-Unverpackt« ist also viel mehr als nur ein kleiner, alternativer Supermarkt. Der Laden und sein Team sind Pioniere für nachhaltigen Konsum und spiegeln ihre Inspiration zurück in die internationale Zero-Waste-Community, aus der sie hervorgegangen sind. Damit beweist »Original-Unverpackt«, dass ein müllfreies Leben keine Utopie sein muss. *IF*

You will not find plastic-wrapped products here. Instead you will find huge containers to fill up your own bags or sustainable items made of wood, bamboo or cellulose. As the name suggests, the Berlin shop *Original-Unverpackt* (Original Unpacked) is an alternative supermarket that allows its customers to do the shopping without packaging – it was one of the first of its kind in Germany.

After a successful crowdfunding campaign, in 2014 Sara Wolf and Milena Glimbovski opened the Original Unverpackt store in Wienerstraße near Görlitzer Park, in the Kreuzberg district. In 2016, an online shop followed, using recycled packaging and a climate-neutral delivery service. In 2019, the second store opened in West Kreuzberg. The two founders's concept promoted a zero-waste lifestyle, in which environmentally conscious people around the world try to live without producing trash. The shop's range of 600 items not only includes food, but also cosmetics, cleaning products and reusable containers. Clients bring their own jars, weighing them before and after filling them with the products of their choice.

The Original-Unverpackt store shows how successful this concept is: Each day about 120 customers visit the shop in Kreuzberg. There are organized tours around the alternative supermarket for school classes, to learn about how to recycle and avoid producing waste. On their website, the founders provide online classes, which explain how to open your own packaging-free supermarket. Milena also gives lectures on the whole topic of sustainability, zero waste and entrepreneurship at meetings and events.

Original-Unverpackt is much more than just a small alternative supermarket. The store and the team are pioneers for sustainable consumption and pass their inspiration back to the zero-waste community from which they emerged. Original-Unverpackt proves that a waste-free life does not have to remain a utopia. *IF*

2

3

4

5

Wunder-Rohstoff

Dass Einwegplastikprodukte unserer Umwelt schaden, ist mittlerweile in aller Munde. Ob die Nutzung von nachhaltigen Strohhalmen wirklich einen entscheidenden Einfluss auf unsere Umwelt hat, darüber sind sich Bargäste bisher noch uneinig.

Doch macht es wirklich einen Unterschied, ob der Gast sein Getränk nun aus einem üblichen Plastikstrohhalm schlürft oder auf eine nachhaltige Alternative zurückgreift? Ursprünglich bestand der umweltfreundliche Vorgänger unserer heutigen Plastikversion aus Stroh, was ihm den Namen Strohhalm verlieh. Mit der Entwicklung der Polymerchemie wurde dieses Naturprodukt durch dünnwandigen Kunststoff ersetzt. Studien von 2019 belegen, dass jedes Jahr etwa 10 Millionen Tonnen Plastik in unseren Weltmeeren landen. Meist nur aus Dekorationsgründen verwendet, sind Trinkhalme dafür gemacht, bereits nach kürzester Zeit im Müll zu enden, häufig jedoch landen sie stattdessen in unserem kostbaren Ökosystem. Dabei stehen Einwegkunststoffprodukte nicht nur für ihre Herstellung in der Kritik. Plastik besteht aus Erdöl und verschiedenen Zusatzstoffen wie Weichmachern und Füllstoffen, einem Gemisch, welches sich je nach Zusammensetzung teilweise erst nach Jahrhunderten abbaut.

Zudem werden sie zu einer tödlichen Gefahr für Tiere, die die Plastikteile verschlucken oder sich in ihnen verfangen, und landen schlussendlich in der Nahrungskette der Menschen. Alarmierenderweise gehören Plastikstrohhalme laut dem deutschen Umweltministerium zu den Produkten, die sich am häufigsten in den Meeren wiederfinden. Klar ist, dass es nicht ausreicht ,nur auf Plastikstrohhalme zu verzichten. Um die Umweltverschmutzung zu stoppen muss die Nutzung und Herstellung jeglicher Produkte aus Plastik stark verringert werden.

Zu diesem fahrlässigen Umgang mit Ressourcen bietet das kleine balinesische Familienunternehmen *Putu's Bamboostraws* mit seinen handgefertigten Bambusstrohhalmen eine simple, durchaus attraktive Alternative. Bambus, das zur botanischen Gattung der Süßgräser gehört, ist ein schnell nachwachsender, widerstandsfähiger Rohstoff, der von Natur aus hohl ist. Jährlich können große Mengen gefällt werden, ohne den Bestand zu gefährden, da die multitalentierte Pflanze nach der Ernte nicht ausstirbt, sondern weiter austreibt. Putu und ihre Familie ernten die Halme im nahegelegenen Wald, wenn sie eine Höhe von etwa zwei Metern erreicht haben. Die frisch geernteten Halme werden zunächst in der Sonne getrocknet und anschließend gewaschen. Nach dem ersten Zuschnitt auf die handelsübliche Länge von etwa 20 cm werden die Halme von Schnittresten befreit. Anschließend werden die zunächst scharfkantigen Enden abgeschliffen und die fertigen Produkte erneut gereinigt. An einem Tag entstehen auf diese Weise 50 Trinkhalme, deren Verkauf den Unterhalt der Familie sichert.

Ab dem 03. Juli 2021 werden Einwegplastikprodukte in der EU verboten und die Industrie wird vermehrt auf nachhaltige Alternativen umsteigen. Beim Genuss des zukünftigen Lieblingsgetränkes kann also ganz nebenbei ein Beitrag für die Umwelt geleistet werden. Cheers! *TE*

The fact that single-use plastic damages our environment is well known. Yet consumer opinions are still divided as to whether sustainable straws really make a significant difference.

The predecessor to the current plastic straw was indeed made from straw, hence the name.This natural product was replaced by thin-walled synthetic versions, which came with the advances in polymer chemistry. Studies from 2019 prove that about 10 tonnes of plastic end up in our oceans each year. Straws, mostly used for decoration, are made to be discarded after brief use. Most of them end up in our precious ecosystem instead of a bin. These single-use plastic products are not only criticized for their production, but also for their disposal. Plastic is made from petroleum and different chemical additives, like plasticizers and fillers. The resulting products pollute the environment - depending on their chemical composition it can take centuries before they break down. In addition, they are a deadly risk to animals who swallow plastic, or get caught in plastic. These same

animals ultimately end up in our food chain. According to the German Ministry of the Environment, plastic straws are some of the most commonly found products in the ocean. In order to stop the pollution we need to reduce the usage and production of plastic products in general.

The small Balinese family business Putu's Bamboo Straws offers, with its handmade bamboo straws, a simple but attractive alternative to this negligent use of resources. Bamboo, which belongs to the genus of sweet grasses, is a quickly renewable, resilient resource that is naturally hollow. Large amounts of it can be cut down in a year without endangering stocks. The multitalented plant does not die off, but sprouts again. Putu

and her family harvest the stalks in a nearby forest when the bamboo has reached the height of two meters. The freshly harvested stalks are sun dried and washed afterwards. The bamboo stalks are then cut to a length of twenty centimetres. The sharp-edged ends are ground smooth and the finished product is cleaned one last time. The family produces fifty straws a day and are able to make a living from the work.

Starting on 3 July 2021, single-use plastic products will be banned in the EU and the industry will have to look into sustainable alternatives. You can contribute to the environment in future, while enjoying your favorite drink with a natural straw – Cheers! *TE*

2

3

4

5

6

circular economy

Kreis

Viele Menschen in Deutschland sind davon überzeugt, schon ausreichend umweltbewusst zu handeln, wenn sie artig ihren Müll trennen. Doch kann Papier beispielsweise nur um die sechsmal wiederverwertet werden. Selbst der Maximaleinsatz von Altglas in der Glasherstellung (70-90 %) verringert den enormen Energiebedarf um gerade mal ein Viertel, und Plastik lässt sich gar nicht

Zwei Drittel des Abfalls, der in die Weltmeere gelangt, stammt aus nur 20 Flüssen.

re- sondern nur downcyceln. Die im grünen Punkt anfallenden Verpackungen werden zunächst zu Granulat verarbeitet, welches allerdings aufgrund seiner verminderten Qualität maximal als Reinigungsmittelflasche zurück in den Verpackungskreislauf gebracht wird. Nach mehreren Durchläufen enden die Kunststoffmoleküle nur noch in Produkten wie Parkbänken oder Pflanzentöpfen, die wiederum am Ende ihres Lebens gemeinsam mit Millionen Tonnen Restmull im Müllheizkraftwerk oder anderweitig verbrannt werden.

Die Liste der mit dem Abfallaufkommen verbundenen Probleme ist lang: CO_2 aus Müllheizkraftwerken, Methanausstoß und Flächenversiegelung durch Deponien bis hin zu zweifelhaften Machenschaften im globalen Geschäft mit dem Müll. Auch die unsachgemäße Entsorgung in der Natur ist ein niemals enden wollendes Dilemma in der modernen Gesellschaft. Zwei Drittel des Abfalls, der in die Weltmeere gelangt, stammt aus nur 20 Flüssen. Diese liegen hauptsächlich in Ländern, in die auch wir Europäer:innen unseren Plastikmüll exportieren.

Bereits auf Seite der Hersteller:innen lassen sich große Mengen Müll vermeiden. Gesteigerte Ressourceneffizienz und Kreislaufführung von Betriebsstoffen bietet schon aus ökonomischer Sicht viel Potenzial in der Produktion. Wie stark ein Produkt im Laufe seines Lebens seine Umwelt beeinträchtigt, wird in erster Linie durch sein Design festgelegt. Liegt also der Fokus auf Langlebigkeit und Gebrauchstauglichkeit ermöglicht dies wiederum neue Nutzungsformen, die in der ständig wachsenden Sharing Economy Anklang finden. Vom Waschsalon über das Car Sharing bis zum Chemikalien-Leasing wird in diesem gemeinschaftlichen Modell mehr Wert auf die Dienstleistung als auf den Besitz gelegt. Grundsätzlich ist es auch durch das alltägliche Konsumverhalten möglich, Abfälle zu vermeiden. Braucht man bestimmte Güter wirklich jetzt, in diesen Mengen oder überhaupt? Oder wandern diese sonst zwangsweise nach Ablauf des Haltbarkeitsdatums in den Müll? Selbst Dinge, die auf den ersten Blick die gesetzliche Definition von »Abfall« erfüllen, also »alle Stoffe oder Gegenstände, derer sich ihr Besitzer entledigt, entledigen will oder entledigen muss« (KrWG § 3 Abs. 1), müssen nicht zwangsweise diesem Schicksal erliegen. Vielleicht müssen sie auch nur öfter mal den Besitzer oder die Besitzerin wechseln. Oder wie man so schön sagt: »One person's trash is another person's treasure«. *CG*

Many people in Germany are convinced that they are doing a lot for the environment by properly separating their recyclables. However, paper, for example, can only be reused around six times, and even introducing the maximum amount (70-90%) of used glass into glass production processes can only reduce the enormous amount of energy needed by a quarter. Furthermore, plastic cannot actually be recycled, but rather downcycled. The granulate made from packaging collected in the recycling bin can, due to its decreased quality, be reintroduced as detergent bottles at best. Plastic molecules are more likely to end up in benches or flower pots, which, at the end of their lives, will be burned in waste-to-energy plants, along with millions of tonnes of residual waste.

Two thirds of the waste polluting the oceans originate from just 20 rivers

The list of problems associated with waste generation is long: the CO_2 from waste-to-energy plants, methane emissions and the sealing of land through landfills through to dubious business practices including inhumane working conditions on a global scale. Additionally, the improper disposal of garbage in the countryside is a never-ending dilemma of modern society. Two-thirds of the waste polluting the oceans originate from just 20 rivers. Most of these rivers are found in countries to which Europeans in fact export a lot of their own waste.

Waste prevention can effectively begin at production levels. Increased resource efficiency and recirculation of materials offers a lot of potential from an economic point of view alone. Furthermore, most of the environmental impact caused by a product is already determined through its design. Consequently, if the focus switches to durability and usability, new and collaborative forms of use are facilitated, which appeal to the growing Sharing Economy. Launderettes, car sharing or Chemical Leasing for example, show that results are valued more than ownership. And of course each individual consumer has the chance to avoid generating waste through their personal decisions. Are specific goods really needed right now, in these amounts or at all? Or will they inevitably end up in the bin after expiring? Even the things that seem to meet the definition of »waste« as being »any substance or object which the holder discards or intends or is required to discard« (KrWG §3), are not necessarily doomed as such. Maybe they simply need to change holders every now and then. Or as they say: »One person's trash is another person's treasure«. *CG*

Aus vermeintlichem Müll erschafft Künstlerin und Dekorateurin Isabel Ott – frei nach dem Motto »Müll ist Ansichtssache« – trendbewusste, funktionale Produkte und macht damit nicht nur auf die massenhafte Verschwendung, sondern auf humorvolle Weise auch auf den unbewussten Umgang von Menschen mit Ressourcen aufmerksam. Die handgemachten Recyclingprodukte aus dem World Trash Center umfassen beispielsweise kunstvolle, opulente Lampen aus Plastik oder Brillengläsern sowie Möbelstücke wie bunte Fußbänke oder originelle Sofas.

Mittlerweile ist die 52-Jährige Expertin der Urban Recycling Art. So hat sie schon mehrere Ausstellungen auf Festivals und auf städtischen Nachhaltigkeitstagen begleitet und schließlich vor anderthalb Jahren eine Ladenfläche im Künstlerherzen Berlins, dem *Holzmarkt*, erobert. Ursprünglich begann die smarte Verquickung ihrer Kunst und der Passion für das kreative Wiederverwenden unter dem Namen Planet Trash als eine Müllsammelaktion vor drei Jahren auf einem Festival. Mit einem bunten Strauß an Freund:innen wurden ihr die üblichen Festivaldarbietungen zu langweilig und sie sehnte sich nach einem modernen, gesellschaftspolitischen Bezug. Heute ist die Künstlerin Teil eines Kollektivs, das sie in den nächsten Jahren noch weiter ausbauen möchte. Dabei zeigt sie der Welt ihre Kunst immer noch abseits der vier Werkstattwände. Künstlerische Hauptzentrale ist aber ihr ganz besonderes Atelier im Holzmarkt in Berlin-Friedrichshain: »Die Größe des Ladens ist perfekt und es gibt einen schönen Kontrast zwischen dem World Trash Center als Galerie und dem Kunstgeschäft.« Die angebotenen Produkte bestehen hauptsächlich aus collagierten, geklebten und neu zusammengesetzten Fundstücken der leidenschaftlichen Sammlerin. Nichts wird gekauft. Alle Materialien ihrer teils seriellen, einzigartigen Produkte werden schlichtweg gefunden oder auf Flohmärkten als ausrangiert ergattert. »Jedes Produkt soll eine Geschichte erzählen«, sagt Isabel Ott von ihren liebevollen Kreationen.

»Wir haben Sorgen mit der Ent-sorgung«, gibt die mitweltbewusste Künstlerin zu bedenken. Deshalb konfrontiert sie den Betrachtenden mit der Menge an seinem:ihren sonst nicht mehr sichtbaren und verdrängten Resten des alltäglichen Lebens. Auf Festivals mit ihrer Kunst begonnen, hat ihr Einsatz besonderen Erfolg in der Partykultur: Auf dem *Fusion Festival* zauberten die Künstler:innen gleich mehrere Installationen aus 8 Kubikmetern Eventüberbleibseln aus dem Vorjahr. Vor allem alte Campingstühle, Zelte und Pavillons werden besonders häufig zurückgelassen. Sie bildeten das Fundament für eine Reihe von aufwendigen Attraktionen wie z.B. Pavillons belegt mit Fahrradfolien, oder ein Labyrinth aus Plastikstangen als »Walk of Shame«, eine schicke Fransendusche sowie auch das »Schredder Island« (ein Plastikschredder, der selbst mitgebrachten Müll zu Amuletten verarbeitet). Raffinierterweise dienten sie gleichzeitig als Reparaturersatzteillager und trugen damit zur Stärkung der gelebten Nachhaltigkeit auf dem Festival bei.

Mittlerweile fragen große Akteur:innen ihre Werke an. So hat die Bundesvereinigung für Nachhaltigkeit ihre Preisverleihung mit dekorativen, recycelten Preisen der Künstlerin bestückt. Was ist das Geheimnis des Müllzaubers? »Humor ist wichtig«, betont Isabel Ott als grundlegende Botschaft des World Trash Centers. Es solle aufgezeigt werden, wie viel Potenzial noch in Dingen steckt, die als Müll wahrgenommen werden. Es müsse eine Mischung aus Bewusstseinsveränderung und Vorgaben her. Die Plastiktüte sei zum Beispiel ein wandelnder Mikroplastik-Streuer. Maisstärke sei auch Unsinn und fördere nur die Wegwerfkultur.

Isabels nachhaltige Kunstwerke können seit neuestem auch online unter www.worldtrashcenter.de bestaunt werden. *LL*

Artist Isabel Ott, follows the motto »rubbish is a matter of opinion« to create new, functional products out of garbage and draw attention not only to the massive amount of waste produced, but also to the subconscious, humane handling of resources in a humorous way. The handmade recycled products include elaborately opulent lamps made of plastic or spectacle lenses, as well as pieces of furniture such as footstools or witty sofas, among other products.

The 52-year-old expert of Urban Recycling Art has already had several exhibitions at festivals and sustainability events and recently obtained a retail space in the *Holzmarkt* in Berlin. Originally, the fusion of her art and passion for creative reuse began as a garbage exhibition called Planet Trash at a festival. She and her friends had grown bored of the usual festival performances and longed for a more contemporary experience. Today, the artist is part of a collective that she wants to further expand over the next few years. She still exhibits her art in ways that show her unconventional way of thinking. Her main artistic headquarters is the very special studio which she renovated herself in the Holzmarkt in Berlin-Friedrichshain. »However, the size of the store is perfect and there is a nice contrast between the World Trash Center as a gallery and the art scene« explained the artist. The products on offer mainly consist of the collaged, glued and recreated findings of a passionate collector. Nothing is bought. All materials of the sometimes serial, always unique products are simply found on the streets or at flea markets. When describing the products made with love, Isabel Ott says: »Every product should tell a story«.

»We have concerns about waste disposal,« says the environmentally-conscious artist. She confronts audiences with the otherwise invisible remains of everyday life. At festivals, her work has been particularly successful among party culture: at the *Fusion Festival* music festival, the artists showed several installations using old camping chairs, tents and marquees using 8 cubic meters of waste products from the previous year's event. A marquee covered with bicycle décor-stickers, a labyrinth of plastic tubes as a »Walk of Shame«, a chic fringed shower and »Shredder Island« (a plastic shredder that turned trash into amulet gifts) were attractions on display at the festival. At the same time, they provided spare parts for repair and helped strengthen the sustainability of the festival as a whole.

Today, her work is in demand among celebrities. The Federal Association for Sustainability has decorated its award ceremony with recycled prizes she has won in the past. What is the secret of garbage magic? »Humour is very important,« she notes, »as a founding principle of the World Trash Center. It should show us how much potential there is in items that we view as trash. There needs to be a change of awareness, combined with clear guidelines. The plastic bag is an example of a mobile microplastic distributor. Corn starch is also nonsense and promotes disposable culture.«

Isabel's sustainable artwork can now also be seen online, at her website www.worldtrashcenter.de. *LL*

1

1 Künstlerin Isabel im Außenbereich
des World Trash Centers
Artist Isabel in the outdoor area of
the World Trash Center

2 Blick auf die Spree vom Eingang der
World Trash Centers aus
View of the Spree from the entrance
of the World Trash Center

4

2

5

3

6

1	Eingang des Planet Trash
	Entrance to Planet Trash
2	Plastikfransendusche
	Plastic fringe shower
3	Detail des Zeltlabyrinths
	Detail of the labyrinth made
	of tent parts
4	Blick auf das Planet Trash Gelände
	View of the Planet Trash campus
5	Fahne aus alten Kaffeebeuteln
	Flag made from used coffeebags

1 Planet Trash Parade – alle Kostüme
sind aus Müll hergestellt
Planet Trash parade – all the costu-
mes are made of trash

2 Lagerfeuer aus Zeltstäben
und Stoffresten
Campfire made of tent poles and
fabric remnants

3 Kostümprobe für die Parade
Dress rehearsal for the parade

4 5 m lange Putzerkrabbe aus Zeltresten
5m cleaning crab made of old tents

1

2

3

4

Plastiktüten, Einwegflaschen, Folienverpackungen – der Echo Beach auf Bali ist voll von Dingen, die dort nicht hingehören. Mollie Cox und ihre Freund:innen des Yogastudios *Samadi Bali* arbeiten sich geduldig den Strand entlang. In dunkelblauen Säcken versuchen sie, jedes noch so kleine Stück Müll einzusammeln, damit es nicht zu Mikroplastik degradiert und später über die Meerestiere in unseren Nahrungskreislauf landet. Damit haben sie alle Hände voll zu tun. Weggeworfenes findet man nicht zuhauf in den bewohnten Gebieten Balis, sondern vor allem am Strand und im Meer. Insbesondere während der Regensaison wird eine Menge Müll an den Strand gespült.

Die Wirtschaft Balis ist stark vom Tourismus abhängig. Seit den Tagen des Hippietrails in den 70ern ist Bali ein beliebtes Reiseziel für Urlauber:innen, die sich nach Postkarten-Stränden und Tropenparadies sehnen. Der Massentourismus ist jedoch nicht nur eine Einnahmequelle, sondern bringt enormen Ressourcenverbrauch mit sich – und vor allem Müll. Denn Einwegplastik ist günstig und wird in der armen Gegend standardmäßig als Verpackungsmaterial verwendet.

Verschiedene Gruppen und Initiativen versuchen mit regelmäßigen Müllsammelaktionen das Problem in den Griff zu bekommen. Mehrmals wöchentlich finden Sammelaktionen statt, denen sich häufig spontane Strandbesucher:innen anschließen. Einheimische sind manchmal verwundert, dass Touristen sich die Mühe machen, Müll an ihren Stränden aufzusammeln, und bedanken sich oder packen gleich mit an. Bei einer Müllsammelaktion kommt schnell eine ganze Pickup-Ladefläche voller Abfall zusammen. Diese Abfälle werden anschließend recycelt, zum Beispiel von der privaten Initiative *Eco Bali*.

Die Yogafreund:innen bemerken, dass das Müllsammeln für den eigenen Konsum sensibilisiert. Sie beflügelt das Gefühl, etwas Richtiges getan zu haben, und gleichzeitig eine Reaktion bei den Beobachter:innen ausgelöst zu haben, ohne den Zeigefinger zu erheben. Gleichzeitig ist klar, dass es weitreichendere Lösungen braucht, um das Müllproblem auf Bali in den Griff zu kriegen. Lokale Initiativen und Non-Profit-Organisationen arbeiten bereits an Bildungsangeboten, die ein Umdenken auf der Insel einleiten sollen – weg vom Plastik, hin zu nachhaltigeren Alternativen. *IF*

Plastic bags, single-use plastic bottles, packaging film – Echo Beach in Bali, an island of Indonesia, is full of material that don't belong there. Mollie Cox and her friends at the yoga studio *Samadi Bali*, patiently collect trash along the beach. They try to collect even the smallest pieces in dark blue bags, before it degrades to microplastic, which otherwise could enter the human nutrition cycle through marine animals. They have a large task before them. Tons of thrown away objects are not only found near residential areas. Most of it is found at the beach and near the sea. Especially during the rainy season much of the trash gets washed back to the beach.

Bali's economy is heavily dependent on tourism. Since the days of the Hippy Trail in the 70's Bali has become a popular destination for tourists who are longing for postcard beaches and a tropical paradise. Mass tourism is a source of income, but it also causes a huge waste of resources - and most of all trash. Single-use plastic is cheap and normally used as packaging in the poorer districts of the island.

Different groups and initiatives meet regularly to pick up trash in order to help solve the problem. Several times a week the rubbish collection takes place and is often spontaneously joined by beach visitors. Locals are sometimes surprised that tourists aswell make the effort to collect the trash of the beaches and react with gratitude, or join the session right away. Large amounts of trash, enough to easily fill a pickup truck, is collected during one session. After collection, the trash is recycled by private initiatives like *Eco Bali*.

Müllsammeln

The yoga friends of Samadi Bali see how picking up trash leads to more conscience consuming habits. They are empowered by the feeling of doing something good and simultaneously trigger a reaction from observers, without instructing manner. At the same time, it is clear that there is a need for more extensive solutions to solve the trash problem in Bali. Local initiatives and non - profit organisations are already working on educational programs to start a rethinking approach - away from plastic, towards sustainable alternatives. *IF*

2

3

1   Freiwillige sammeln kleine
    Plastikteile am Strand (S. 169)
    Volunteers picking up small
    plastic parts (p. 169)

2-3 Gruppenfoto nach der
    Müllsammelaktion
    Group picture after the
    trash picking session

4   Freiwillige Helfer
    Volunteers

5   Katelyn und Catherine
    Katelyn and Catherine

4

sustainable
construction

Nachhal

tiges Bauen

Im Jahre 1942 wohnten in Berlin 4,5 Millionen Menschen – in einer Stadt, die von zwei Weltkriegen halb in Schutt und Asche lag. Heute sind es 3,8 Millionen und trotz unzähliger Neubauten und wieder bewohnbar gemachter Altbauten ist die Wohnungsnot ein ständiges Thema in Politik und gefühlt auf jeder Party. Ich selbst bewohne ein 29 m² - Zimmer, alleine. Hinzu kommen ein Drittel des geteilten Wohnraumes in meiner WG sowie Flur, Hof etc. Somit lande ich ziemlich genau im deutschen Durchschnitt von 46,7 m² Wohnraum pro Einwohner (2018). 1942 hat in meinem Zimmer bestimmt noch eine ganze Familie gewohnt und das »Klo halbe Treppe« reichte für zwei Etagen, weshalb wir damals bei einem Bruchteil dieser durchschnittlichen Wohnfläche lagen. In einigen Gegenden ist das selbstverständlich immer noch

Niemand möchte den Menschen ihren privaten oder öffentlichen Raum streitig machen. Dennoch muss dieser zukunftsfähiger gestaltet werden.

so. Doch hat der Luxus, viel Platz für sich zu beanspruchen, über die Jahrzehnte eindeutig zugenommen. Die damit verbundene Flächenversiegelung wird zu-dem verstärkt durch wachsende Industrie und den Ausbau der Verkehrsinfrastruktur.

Niemand möchte den Menschen ihren privaten oder öffentlichen Raum streitig machen. Dennoch muss dieser zukunftsfähiger gestaltet werden. Hierbei können, sowohl beim Neubau von Einfamilienhäusern bis zum Hochhaus als auch der Sanierung des Bestands, diverse Maßnahmen ergriffen werden, die das gesamte Leben eines Gebäudes berücksichtigen.

Es können beispielsweise Naturrohstoffe in der Konstruktion Verwendung finden. Die Möglichkeiten reichen vom altbekannten Holz und Stein über Kork und Hanf bis hin zum innovativen Einsatz von bisherigen Abfallprodukten wie Stroh, Seegras oder tatsächlichem Siedlungsabfall. Selbst wenn in der Gebäudehülle bereits Dämmung und isolierte Fenster bedacht wurden, verbleibt während der Nutzung dennoch ein Ressourcenbedarf für das Heizen, der sich nochmals

minimieren bzw. ersetzen lässt. Aktuell wird ein Großteil der in Gebäuden eingesetzten Energie für Raumwärme aufgewandt. Diese stammt hauptsächlich aus Öl- oder Gasheizungen, weniger als ein Drittel aus Fernwärme, Solarthermie oder Wärmepumpen. Diese können übrigens mit einer Kilowattstunde elektrischer Energie das Dreifache an Wärmeenergie bereitstellen. Der dafür benötigte Strom könnte ohne Weiteres aus der eigenen, dezentralen Stromerzeugung stammen. Vom Solarmodul auf dem Dach bis zu einem kleinen Windrad oder Blockheizkraftwerk ließe sich alles realisieren, wenn sich Menschen in Mehrfamilien- bzw. Hochhäusern oder einer Kommune unter die Arme greifen würden.

Auch im Bereich des Wasserverbrauchs lassen sich viele Einsparpotenziale finden, die den Nord- und Mitteleuropäer:innen vielleicht etwas unnötig erscheinen. Allerdings ist die Dekadenz, Trinkwasser im Garten und der Toilettenspülung zu verwenden, etwas, das in Zukunft auch in unseren Breitengraden überdacht werden sollte. Und wer möchte beim Bau seines Eigenheims nicht auch schon vorausschauend handeln und sich durch Flachdachbegrünung und mit Brauchwasser betriebener Verdunstungskühlung auf den nächsten Rekordsommer vorbereiten? Ist ein Gebäude irgendwann nicht mehr nutzbar, ergeben sich unterschiedliche Maßnahmen, die ein Ende auf der Deponie vermeiden sollen. Durch eine energetische Nutzung (Müllheizkraftwerk) erreicht man die sogenannte Weiterverwendung. Können Baustoffe kompostiert, re- oder sogar upgecycelt werden, spricht man von Wiederverwertung. Im Idealfall ist jedoch eine Wiederverwendung erstrebenswert, die sich durch normierte und dauerhafte Baustoffe erreichen lässt.

Alles in allem liegt unsere Zukunft im Bereich des Bauens in der Höhe, um unseren begrenzten Platz sinnvoll zu nutzen, sowie einer ganzheitlichen Betrachtung – von der Konstruktion über die Nutzung bis zum Rückbau. Zu jedem Zeitpunkt lassen sich kluge Entscheidungen treffen, die sichtbar oder unsichtbar, mittelbar oder unmittelbar unsere limitierten Ressourcen schonen. Gemeinschaftliches Handeln kann entsprechende Maßnahmen um einiges erleichtern. *CG*

In 1942 Berlin, in ruins, had about 4.5 million inhabitants. Today this number is down to 3.8 million people and, despite the countless new and renovated buildings, the housing shortage is a constant topic in politics and in every other conversation. I am currently lucky enough to live in a 29m² large room by myself. Add my share of communal space in- and outside the flat and I reach the average of 46.7m² living space per person in Germany (2018). In 1942, my room was probably occupied by a whole family, sharing a toilet halfway up the stairs with

Nobody wants to take away people's private or public space. However, it needs to be created more sustainably.

their neighbours, which is why the average living space was a mere fraction compared to that of today. Obviously, this is still the case in some places, but in general having a large home has gone from being a luxury to being taken for granted in a matter of decades. The resulting sealing of land is furthermore increased through growing industry and the expansion of transport infrastructure.

Nobody wants to take away people's private or public space. However, it needs to be created more sustainably. This can be achieved through various measures considering the entire life of a building, including newly constructed single-family houses or skyscrapers, as well as restoration of existing structures.

For instance, natural materials can be utilized in the construction of a building. Most are familiar with wood and stone, but also cork, hemp or more innovative materials like straw, seaweed or actual waste are suitable for load-bearing parts and insulation respectively. Properly insulated windows and walls can result in substantial energy savings.

Nevertheless, an energy demand remains, which requires resources that can still be substituted. As of now, most of the energy used in buildings is due to heating, with gas and oil being the most commonly used sources. Less than a third is provided by district heating, solar thermal power or heat pumps. Heat pumps, by the way, are able to generate up to 3 kWh of heat from 1 kWh of electricity. This power could easily be provided by one's own, decentralized, green source. Almost everything can be put to use, from a PV module on the roof, to a small wind turbine or co-generation unit, if only people in a community were to support one another.

Additionally, there is the potential to drastically reduce water consumption, which may appear pointless to Northern and Central Europeans, but is nonetheless important. Even in our latitudes, the decadence of watering the plants and flushing the toilet with potable water will need to be reconsidered in the future. And who doesn't want to act with foresight when building a house by installing flat roof greening and evaporative cooling powered by service water, in preparation for the next record summer?

Once a building's deed is done, several measures can be taken to avoid unnecessary landfill disposal. Materials can be either energetically reused through a waste-to-energy plant, materially reused by composting, re- or even upcycled as well as directly re-used, when it comes to standardized and durable components. Which need to become more of a thing!

All in all, the future of housing means rising high in order to make sensible use of our limited space, and going for a holistic approach regarding construction, use and dismantling alike. Clever decisions are possible for and at any point during a building's life, which conserve resources visibly and invisibly, directly and indirectly. Collaboration with others can facilitate all of these decisions significantly. *CG*

Ökodorf Sieben Linden

Die beschauliche Gemeinde Beetzendorf lässt auf den ersten Blick nicht vermuten, dass nachhaltige, zukunftsfähige Community-Schätze wie das 1997 gegründete Ökodorf Sieben Linden auf Besucher:innen wartet. Die ursprüngliche Vision des Ökodorfs bzw. des selbsternannten »Forschungsprojekts« ist der Aufbau einer 300-köpfigen Siedlung. Mit seinen derzeit 105 Erwachsenen und 40 Kindern wurde es von dem japanischen *Institute for global Environmental Strategies* als herausragend zukunftsweisend bezeichnet und folgt dem gemeinsamen Ziel der Erkundung von gesellschaftsfähigen Nachhaltigkeitsräumen.

Auch der bauliche Teil des nachhaltigen Dorfes ist beispielhaft: Die mit Lehm verputzten Wände sind durch nicht brennbare und insektensichere Strohballen isoliert; die nach Süden ausgerichtete Wohnanlage verbraucht nur ein Drittel Wärmeenergie einer konventionellen Behausung; der Strombedarf wird durch Photovoltaikanlagen gedeckt und für Betonflächen wurde vorrangig recycelter Beton verwendet. Für mollige Wärme sorgt im Winter die eigens abgeholzte Kiefer aus dem 70ha großen eigenen Waldstück, das im Sinne des natürlichen Reziprozitätsprinzips stets wieder mit Laubbäumen aufgeforstet wird. Innovative Solarduschen, Komposttoiletten und eine Wasseraufbereitungsanlage durch Schilffelder optimieren die ökologische Bilanz. Darüber hinaus werden große Gebiete des Grundstücks aus Biodiversitätszwecken der Natur überlassen. So schaffen Feuchtbiotope und mehrere Schilfgürtel Platz für eine geschützte Flora und biodiverse Fauna. Ein Anbau von Nahrung erfolgt ausschließlich nach permakulturellen Prinzipien. Das daraus gewonnene Nahrungsangebot des Dorfes ist, unter Ausschluss von Alkohol, ausschließlich vegetarisch und vegan.

Drei verschiedene Wassersysteme versorgen das Ökodorf mit dem Grundstoff des Lebens: ein konventioneller Anschluss an das nahegelegene Dorf Klötze, ein Brunnen, der den Garten versorgt, und ein Brauchwasserreservoir, welches durch Bakterien geklärt wird. Das Brauchwasser wird so durch die hauseigene, pflanzliche Schilfkläranlage beispielsweise zur Wässerung des Waldes wiederverwendet. Der Badeteich mit gleichzeitiger optionaler Nutzung als Feuerlöschteich lässt ökologisches Baden zu. Eigene Fäkalien werden zyklisch behandelt und verwandeln sich durch Kompostierung nach sieben Jahren zu feinstem Kompost, der sich im angrenzenden Wald oder der Baumschule weiterverwenden lässt. Dafür stehen auf dem gesamten Gelände nur Komposttoiletten zur Verfügung.

Angebote des Gemeinschaftsprojektes sind ein eigener Waldkindergarten, ein dörflicher Spielplatz und eine selbstbetreute Fahrradwerkstatt, um die Gemeinschaft noch sozialer und selbstständiger aufzustellen. Im Regiohaus erwartet Besucher:innen der Dorfladen, eine Tanzbar sowie eine Schmuckschmiede. Trotz dem weltoffenem Gemeinschaftssinn werden im Dorf persönliche Rückzugsmöglichkeiten geschaffen und die benötigte Privatsphäre respektiert. So sorgen das Haus der Stille, der sakrale Meditationsbau und private Gärten für die nötige Ruhe. Digitale Kommunikationsmöglichkeiten sind dabei auf eine Telefonzelle am Dorfesrand, Internet und einige Festnetztelefone beschränkt. Dennoch lockt das magische Dorfflair zahlreiche Besucher:innen zu Seminaren in die Altmark – über so verschiedene Themen wie nachhaltigen Aktivismus in der Klimakrise oder auch die kreative Projektmanagement-Methode namens *Dragon Dreaming* bis hin zu praktischer Waldmitarbeit. Weitere Einnahmequellen sind die angebauten, unbelasteten Wildkräuter und eine mobile Tanzschule. Ganz nach dem Leitmotiv der Verantwortung ist das Dorf ein Ort der Inspiration und nachhaltiger Begegnungen. *LL*

At first glance, the quiet community of Beetzendorf does not give any clue that a sustainable community asset, such as the eco-village *Sieben Linden* founded in 1997 is waiting for visitors here. The founding vision of the eco-village and self-described 'research project' was the construction of an eco-friendly 300- person settlement. Currently housing 105 adults and 40 children, it has been described by the Japanese *Institute for Global Environmental Strategies* as extraordinarily forward-looking and following the common goals of discovering new forms of social sustainability.

The structure of the sustainable village is also exemplary and consists of walls plastered with clay, which are insulated by non-combustible and insect-proof straw bales. The south-facing housing development consumes only one-third of the thermal energy of a conventional dwelling and electricity requirements are met by solar-powered systems. The concrete surfaces are also made from recycled concrete. In the winter, warmth is provided by pine trees taken from the development's own 70 hectares of woodland, which is reforested with deciduous trees to maintain a natural reciprocity. Innovative solar showers, composting toilets and a reed bed water treatment plant optimize the ecological integrity of the site. In addition, large areas within the property are being rewilded to promote biodiversity. Wetland habitats and several reed beds provide room for protected flora and biodiverse fauna. The cultivation of food is based exclusively on permaculture principles. The resulting food supply for the village is entirely vegetarian and vegan, and alcohol is not permitted.

Three different water systems provide the eco-village with the basis for life: a conventional connection to the nearby village of Klötze, a well that supplies the garden and a service water reservoir, which is purified by bacteria. Service water is thus recycled through the development's own reed bed water treatment plant and can for example be used to irrigate the woodland. The bathing pond, which can also be used for extinguishing fires, allows for ecological bathing. Fecal matter undergoes cyclical processing and composting. After 7 years, it is degraded into the finest compost and used in the adjacent forest or tree nursery. Because of this, only composting toilets are available on the entire site.

Social programmes that have been established from this joint project include a private forest kindergarten, a village playground and a self-service bicycle workshop, following subsistence principles. Guests can visit a dance bar as well as a jewelry workshop. Despite the strong sense of community, personal retreat opportunities are available in the village and privacy is respected. The House of Silence, a sacred meditation building, and private gardens give those who need it a place of tranquility and peace. Outside communication is limited to a phone booth at the edge of the village, Internet and several landline phones. Nevertheless, the magical village atmosphere attracts numerous visitors to seminars, including *Dragon Dreaming* promoting sustainable activism in the climate crisis and practical forest cooperation workshops in the Altmark. Other sources of income come from cultivating organic wild herbs and a mobile dance school. True to the leitmotif of common responsibility, the village is a place of inspiration and sustainable events. *LL*

2

4

3

5

6

7

1

2

1 Hannah und Fritz bei der Ernte wilder
Marillenbäume am Straßenrand
Hannah and Fritz harvesting wild
apricot trees at the edge of the road

2 Wilde Marillen
Wild apricots

3 Hannah auf dem Marillenbaum
Hannah at the top of the apricot tree

1

2

3

1   Verarbeitung der Ernte
     Preparing the harvest

2   Hannah befüllt die Einweckgläser
     Hannah filling the preserving jars

3   Tatjana beim Äpfel schneiden
     Tatjana cutting the apples

4   Karina, geborene Sieben Lindnerin
     Karina, born and raised in Sieben
     Linden

5   Waldkita, auch für Kinder
     von Außerhalb
     Forest Kindergarten, also attended
     by neighbouring kids

1   Reinhard, ein Urgestein des Ökodorfes
Reinhard has lived here almost
since the beginning of the ecovillage

2   Klaus und seine Kollegen beim Bau
eines neuen, energieeffizienten Hauses
Klaus and colleagues building a new
energy efficient house

3-4   Energieeffiziente Häuser verbrauchen nur 1/3 der Energie im
Vergleich zu normalen Häusern
Energy efficient houses only use 1/3
energy of regular houses

1

2

3

4

3

4

5

2

1   Kinder mischen den Lehm mit den Füßen, Nicoletta hilft beim Füße säubern
Kids mixing the clay with their feet, Nicoletta helping clean afterwards

2   Kinder lernen Lehm als Baumaterial kennen

Kids learn about clay as building material

3   Nicoletta und die Kinder bei der Lehmschulung
Nicoletta and the kids during the clay course

4   Füße in Eimern mit Lehm
Feet inside a bucket of clay

2

3

4

1

Es sieht aus wie ein Raumschiff aus einer nachhaltigen Zukunft: In Tempelhof, im baden-württembergischen Landkreis Schwäbisch-Hall, ist ein Earthship gelandet, ein autark angelegtes Wohnprojekt, gebaut aus recycelten und natürlichen Materialien. Eine Glasfront ziert die langgezogene Südseite, in den Wänden leuchten farbenfrohe Flaschenböden und der Großteil des Gebäudes geht in das dahinter liegende Feld über.

Ähnlich wie ein Passiv-Haus hat das Earthship möglichst geschlossene Kreisläufe. Die Innen-Temperatur ist durch die besondere thermische Bauform gleichbleibend, im Sommer angenehm kühl, im Winter wärmespeichernd. Energie erhält das Gebäude durch Solarpanels und im Gewächshaus an der Südfront wachsen Obst und Gemüse. Das Regenwasser wird aufgefangen, gefiltert und bildet die Grundlage für den eigenen Wasserkreislauf des Earthships.

Das Earthship ist das Versorgungsgebäude des Hauskomplexes und der zentrale Ort der Zusammenkunft: Hier wird gekocht, zusammen gesessen, geduscht, gespielt. In unmittelbarer Nähe des Erdenschiffs befinden sich 14 individuelle Stellplätze. Dort haben die Bewohner:innen in Jurten oder Bauwagen ihren eigenen Rückzugs- und Schlafort. 25 Menschen leben auf dem Gelände: Alt und Jung, Singles und Familien. Sie verstehen das Earthship als interkulturelles Gemeinschaftsprojekt. Es ist ihre ökologische Lebensoase und gleichzeitig ein praktischer Lernort für die alternative Bau-Community. Etwa einmal im Monat findet eine öffentliche Führung statt, zudem werden Workshops angeboten.

Das Earthship ist ein Pilotprojekt in Deutschland: Gebaut nach einem Ursprungsentwurf des US-Amerikaners Michael Reynolds, verwirklicht es dessen Vision eines Hauses, »das sich selbst heizt, sein Wasser liefert, Essen produziert«. Das Tempelhofer Earthship ist ein europäischer Prototyp, dessen Baupläne an das hiesige Klima angepasst sind. Tausende weitere Earthships wurden bereits rund um den Globus erbaut, etwa in den Niederlanden oder Indien. Reynolds erklärt die Besonderheit des Earthships folgendermaßen: »Es kann überall und von jedem gebaut werden, aus Dingen, die unsere Gesellschaft wegwirft.«

Für das Tempelhofer Projekt war es eine Herausforderung, die in Deutschland erforderliche baurechtliche Genehmigung zu erlangen, an der bereits andere Earthship-Projekte gescheitert waren. Im Herbst 2015 konnte schließlich die kollaborative Bauphase beginnen, in der – wie übrigens bei jedem Earthship – rund 70 freiwillige Helfer:innen den Außenaufbau schufen. Danach folgten der Innenausbau, die Bepflanzung und schlussendlich die Einweihungsfeier des Earthships im Mai 2016.

Das Tempelhofer Earthship ist seitdem ein eindrucksvolles positives Beispiel dafür, wie trotz der deutschen Bürokratie mehr Nachhaltigkeit und Vielfalt in die deutsche Architektur gebracht werden kann. *IF*

It looks like a spaceship from a sustainable future: in Tempelhof, in the Baden-Württemberg district of Schwäbisch-Hall, an *Earthship* has landed. The self-sufficient residential project is built from recycled and natural materials. A glass front graces the southern side of the construction, walls using colourful bottle bases are found inside and a large segment of the building merges into the field behind.

Similar to a passive house, the Earthship has preferably closed circuits. Due to the thermic construction the temperature inside remains constant, pleasant cool in summer and accumulating heat in the winter. The building receives power from solar panels and inside the glasshouse on the south-facing front, fruit and vegetables grow. Rainwater is collected and filtered, providing the foundation for its own water cycle.

The Earthship functions as the service building of the community and as the central meeting point: it is the place where the community cook and eat together, shower or play. Located in the immediate vicinity of the Earthship are 14 individual apartments. The residents have their own retreats in the form of a traditional yurt and construction trailers. 25 people live here: old and young, singles and families. They see the Earthship as intercultural community project, as an ecological oasis of life and at the same time a place to learn in practice about alternative house building. Once a month a public tour takes place and workshops are offered.

The Earthship is the first of its kind in Germany and is based on an original concept by the US architect Michael Reynolds and his vision of a house, »which heats itself, delivers its own water, produces food«. The Earthship of Tempelhof is a European prototype, with the design adjusted to the climate of the area. Thousands of other Earthships have already been built around the globe, for example in the Netherlands and in India. Reynolds explains the special features of the Earthship as being able to » ...be built everywhere and by everybody, out of things that our society throws away.«

It was a challenge for the project in Tempelhof to get the permission required in Germany. This daunting process has already caused other Earthship projects to fail. In autumn 2015, the collaborative construction phase was finally able to begin. About 70 volunteers which, by the way, is common for an Earthship project, constructed the exterior of the building. The subsequent interior work came next, followed by the planting and finally the opening party in May 2016.

Since then, the Tempelhof Earthship is an impressive and positive example of how, despite German bureaucracy, more sustainability and diversity can be introduced to the field of German architecture. *IF*

4

5

6

3

1

2

1 Lichtspiel im Wohnzimmer
  Light rays in the living room

2 Offene Küche im Wohnzimmer
  Open kitchen inside the living room

3 Unverputztes Stück Wand
  zeigt Innenleben
  Unrendered piece of the wall
  shows structure

4 Detailansicht der Küche
  Detail of the kitchen

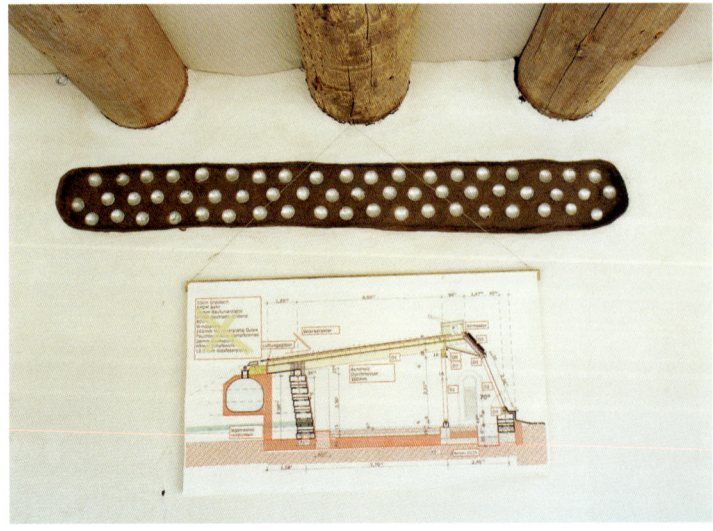

3

social change

Sozialer Wandel

Die Klimakrise ist das Ergebnis eines wirtschaftlichen Systems, dessen Grundlage auf der Ausbeutung von Mensch und Natur basiert. Der Zwang zu ständigem Wachstum hat zur Folge, dass immer mehr Güter produziert werden, für die immer mehr Ressourcen gefördert werden müssen, für die immer mehr Natur zerstört und Treibhausgase freigesetzt werden. Gleichzeitig

Dieser Wandel fängt in den Beziehungen zu unseren Mitmenschen an.

führt der Drang nach maximalen Profiten dazu, dass die wenigsten Menschen etwas von diesem Wachstum haben. Noch nie war der Reichtum auf der Welt so ungleich verteilt wie heute.

Der Grund liege in der Natur des Menschen selbst, heißt es oft. Wir seien von Geburt an egoistisch, gierig und maßlos – nachhaltiges Leben und Handeln sei uns einfach nicht eigen. Die persönliche Nutzenmaximierung sei demnach die treibende Kraft allen menschlichen Handelns.

Diese Sichtweise reduziert die ganze Vielfalt menschlicher Interaktion auf eine simple Marktlogik. Dass dem nicht so ist, können wir schon in unserem Alltag beobachten: Wenn wir unseren Freund:innen beim Umzug helfen, einer fremden Person den Weg erklären oder uns ehrenamtlich engagieren. Bei allen Dingen, die wir nicht für Profit tun, sondern, weil wir glauben, dass sie richtig sind.

Trotzdem sind die Folgen der kapitalistischen Ideologie in unserer Gesellschaft deutlich spürbar: immer stärker werdender Leistungs- und Konkurrenzdruck, Fixierung auf materiellen Wohlstand und Konsum, Vereinzelung, Egoismus und soziale Kälte. Für ein nachhaltiges Gemeinwesen, in dem Natur und Menschen respektvoll koexistieren können, reichen individuelle Konsumentscheidungen und technische Lösungen nicht aus. Wir brauchen einen tiefgreifenden sozialen Wandel, um eine klimagerechte Welt zu erreichen.

Dieser Wandel fängt in den Beziehungen zu unseren Mitmenschen an. Dazu müssen wir uns auf Werte wie gegenseitige Hilfe, Solidarität, Selbstorganisation und Gemeinwohlorientierung besinnen. Gemeinsam in einer Nachbarschaftsinitiative, in einem Verein, oder einem Gemeinschaftsgarten lässt sich das eigene Umfeld effektiv nachhaltig gestalten. Zusammen Lebensmittel vor dem Wegwerfen retten und damit für die Nachbarschaft kochen, spart nicht nur eine Menge Ressourcen, sondern sorgt auch für viele lachende Gesichter und neue Bekanntschaften. Gemeinsame Baumpflanz- und Müllsammelaktionen sind nicht nur gut für die Natur, sondern auch für das eigene Wohlbefinden. Im Kleinen können wir damit anfangen, was im Großen notwendig ist.

Miteinander statt gegeneinander zu arbeiten, ist nicht nur entspannter und macht deutlich mehr Spaß, sondern liefert oftmals auch die besseren Ergebnisse. Wer weniger konsumiert, benötigt weniger Geld, für das man wiederum weniger

Miteinander statt gegeneinander zu arbeiten, ist nicht nur entspannter und macht deutlich mehr Spaß, sondern liefert oftmals auch die besseren Ergebnisse.

arbeiten muss. Diese Zeit können wir wiederum in die Qualität sozialer Beziehungen investieren. Gegenseitige Hilfe sorgt für die Sicherheit, auch in schweren Zeiten nicht alleine dazustehen.

Wie andere Krisen auch, benötigt die Klimakrise vor allem Zusammenarbeit, um sie zu überwinden. Konkurrenzdenken und Egoismus sind dafür fehl am Platz. *JW*

The climate crisis is the result of an economic system that is based on the exploitation of human beings and nature. The necessity for constant growth results in the production of more and more goods that require the extraction of more and more resources. This causes the ongoing destruction of nature and the

This change starts with our relationship towards our fellow human beings.

emission of greenhouse gases. At the same time, the goal of achieving maximum profits leads to the paradox that only a select few profit from this growth. At no point in history has wealth been as unevenly distributed as it is today.

It is said that the root cause lies in the nature of humankind itself. From the time a person enters this world, they are selfish, greedy and immoderate. If we believe the economic pundits, a sustainable way of life completely contradicts the nature of humankind. Ultimately, its the acceleration of one's personal profit that motivates all of our actions.

The dominant capitalist worldview reduces the entire range of social interaction down to a simple market logic. The crookedness of this logic can already be observed in our everyday lives: when we help a friend move house, when we show a stranger the way or when we volunteer in our neighbourhood. These are all things we do because we think it is right, not for personal profit.

Nevertheless, the capitalist ideology strongly affects our society and can be felt everywhere: increasing pressure to perform, increasing competitiveness, increasing fixation on material wealth and consumption of goods, individualization,

isolation, spreading selfishness and social indifference. In order to achieve a sustainable community where nature and human can respectfully co-exist, individual lifestyle choices and technical solutions will not suffice in making a difference. Instead, we need deep-seated social change.

This change starts with our relationship towards our fellow human beings. We have to refocus on values like mutual aid, solidarity, self-organization and generally orientate ourselves more towards the common good rather than profit. The easiest way to achieve this is through community: in a neighbourhood initiative, in a social club or collective. It might be small things like preventing food being thrown away and preparing communal meals for the neighbourhood. This not only saves resources, but also connects people and makes them happy. Planting trees or picking up trash are not only good for the environment, but also for our social life and our own well-being. On a small scale, we start the change that is necessary on a larger scale.

Working together instead of working against each other is not only more fun, it also delivers better results.

Working together instead of working against each other is not only more fun, it also delivers better results. Consuming less requires less money, which in turn requires less work. This time we can reinvest in our social relationships. Mutual aid creates an assurance that we will not find ourselves alone in difficult times.

Like other crises, the climate crisis requires cooperation to overcome it – competition and selfishness are simply unfit to provide solutions. *JW*

der neuen Bildungskultur

Batoro – ein Refugium

Ein kleiner Schreibtisch inmitten der satt-grünen Papayas inszeniert die naturzentrierte Bildungsweise im tropischen Fruchtgarten des Ökodorfs *Batoro* auf Teneriffa. Im April 2017 begann das Stück Land durch 20 Volontär:innen aus bis zu 17 verschiedenen Ländern belebt zu werden. Es befindet sich 15 Minuten vom atlantischen Ozean entfernt und ist 10.000 m2 groß. Für das nachhaltige Back to the roots-Projekt wurden zusätzlich Jurten zur Realisierung von Meditationskursen zum Teil des alternativen Lerncenters.

Charly, der Gründer des Projektes, wollte seinen großen Traum wahr werden lassen und Menschen aus unterschiedlichen Kulturen an seinem Erfahrungsschatz teilhaben lassen. Diesen hat er auf jahrelangen Reisen durch Europa angesammelt. Auf seiner Tour durch die Ökodorfszene wurde ihm klar, dass es das Wichtigste für ihn ist, den Zusammenhalt und die Nachfolge von Ökodörfern zu sichern. Der Ablauf des gemeinsamen Lebens in seinem Ökodorf ist klar geregelt: von morgens bis nachmittags wird gearbeitet, danach ist Zeit für die individuelle Gestaltung von Hobbys, Erkundungstour oder Gartenarbeit. Schwerpunkte der Arbeit bilden ein anfängliches Trainingslager der Selbstfindung. Im zweiten Schritt können Mitwirkende dann zu leitenden Resident:innen ihrer gewählten Interessenfelder (wie Permakultur, Singen oder Gemeinschaftsforschung) werden und das sozial-tolerante Credo des Lernortes mitgestalten.

Dafür wurde ein Ort in der Natur geschaffen, der Pilger:innen durch gemeinsames Wirken einen therapeutischen Spiegel der Ruhe, Selbstheilung und Balance bietet. Damit soll eine neue gesellschaftliche Basis geschaffen werden, als herzlicher, intuitiver Gegenpol zu einem entfremdeten und von Leistungsdruck geprägten Lernen im konventionellen, westlich geprägten Schulsystem. Das Projekt sucht permanent nach Menschen verschiedener Fachrichtungen, die weitere warmherzige undbldeenentwürfe praktisch entfalten. *LL*

A small desk among lush green papayas typifies the nature-centred approach to education found in the tropical orchard of the Batoro eco-village on Tenerife. In April 2017, 20 volunteers from 17 different countries began working together to regenerate this piece of land only 15 minutes from the Atlantic Ocean.

Charly, the founder of the project, wanted to make his ambitious dream come true: giving people from different cultures back the gifts that he was able to experience on his journey through Europe. On his tour through different ecovillages, he learned the importance of social cohesion for functional ecovillages. To achieve this, the routines of living together are clearly structured: work starts in the morning and lasts until 3:00 p.m. after which there is time for individual hobbies, practicing self-awareness or gardening. In addition yurts for meditation courses were installed. One key element of Batoro's success is an initial self-discovery training camp, where people get used to typical community tasks. In the second phase, new participants can take the lead among residents in relation to their chosen fields of interest, shaping the social environment of the entire eco-village.

As a place created in nature, Batoro offers visitors a therapeutic space of calm, pure self-healing and balance. To enable more access to urban sub-cultures, the project is now looking for more people specialized in ecoliving to transmit this alternative and nature-driven culture to the city. *LL*

Freiwillige erproben ihre Balance
in der Gruppe
Volunteers test their balance
in the group

1

2

3

4

5

6

1

2

3

Team

Ina Friebe

→ Bachlorabschluss Europäische Studien
→ Ina ist in der Klimagerechtigkeitsbewegung aktiv
→ außerdem arbeitet Ina als selbstständige Redakteurin

»Das Thema Nachhaltigkeit braucht endlich die Aufmerksamkeit, die es verdient. Tinas tolle Fotos leisten ihren Beitrag dazu. Es war mir eine Freude, das Buchprojekt zu unterstützen. Wir brauchen jetzt ein gesellschaftliches Umdenken!«

→ BA in European Studies
→ Ina is an active member of the climate movement
→ and also works as a freelance editor

»The topic of sustainability needs to be given the attention it deserves. Tina's photos contribute to this. It was a pleasure to support this book project. We need to think differently as a society, right now!«

Clara Grunwald

→ Abschluss des Master of Science »Wirtschaftsingenieur/in Energie und Umweltressourcen«
→ Clara ist ehrenamtlich tätig bei »Ingenieure ohne Grenzen«
→ außerdem möchte sie mehr Nachhaltigkeit in die Club- und Festivalszene bringen

»Wer mich kennt, weiß, dass ich gerne Dinge optimiere – so auch unseren Umgang mit der Natur.«

→ MSc in Industrial engineering / in energy and environmental resources
→ Clara is a volunteer with Engineers without Borders
→ she also promotes greater sustainability in the club and festival scene

»Anyone who knows me knows that I love to optimize things – including our relationship with nature.«

Linda Loreen Loose

→ Abschluss des Masterstudiums für Nachhaltige Wirtschaft an der Hochschule für Nachhaltige Entwicklung
→ heute ist Linda im Handlungsfeld der regionalen Bewusstseinsarbeit und Partizipationsforschung als wissenschaftliche Mitarbeiterin tätig
→ außerdem arbeitet Linda als Moderatorin bei Mybetter.World als synergetische Beraterin von ganzheitlichen Sozio-Visionsprojekten und ist ehrenamtlich Texterin für das Evolve Magazin

»Die Welt braucht Gestaltungshorizonte für ein lebenswertes Morgen. Deshalb habe ich meine Textliebe in Solutions fließen lassen.«

→ MSc in sustainable economics at the University for Sustainable Development
→ Linda works in community awareness raising and participation research
→ she also works as a moderator at Mybetter.World, as a synergetic consultant to socio-visionary projects and as a volunteer writing for Evolve Magazine

»The world needs new perspectives for designing a liveable tomorrow. That is why I focus my love of writing on articles about sustainable solutions.«

Jonas Wahmkow

→ studiert Europäische Ethnologie und ist als freier Journalist tätig
→ nebenbei versucht er herauszufinden, wie man den Kapitalismus überwinden kann
→ Jonas interessiert sich für soziale Bewegungen und ist ehrenamtlich im entwicklungspolitischen Bereich tätig

»Es gibt keinen Grund, warum wir nicht schon jetzt in einer ökologischen und sozial-gerechten Gesellschaft leben könnten. Diese Erkenntnis ist der erste Schritt in die richtige Richtung.«

→ studies European ethnology and works as a freelence journalist
→ he is also exploring how to overcome capitalism
→ Jonas is interested in social movements and works as a volunteer in the field of development policy

»There is no reason for us not to already be living in a socially just and environmentally sustainable society today. Realising this is the first step in the right direction.«

Tina Eichner

→ nach ihrer Ausbildung zur Fotografin begann ihre selbstständige Tätigkeit mit Schwerpunkt auf Dokumentarische Fotografie
→ Tina engagiert sich für verschiedene Klimagerechtigkeits- und Menschenrechtsbewegungen
→ neben ihrer ehrenamtlichen Tätigkeit für Solutions ist sie als Fotojournalistin und Portraitfotografin aktiv

»Fotografie kann mehr als nur schöne Bilder produzieren, sie kann Botschaften transportieren und unsere Sichtweise auf die Welt verändern. Mit diesem kraftvollen Medium möchte ich zeigen das eine ökologische und gerechte Welt möglich ist.«

→ after her photography training, Tina began to work as a freelancer, focusing on documentary photography
→ Tina is involved in various climate justice and human rights movements
→ alongside voluntary work on Solutions, she works as a photojournalist and portrait photographer

»Photography can do more than produce beautiful pictures. It can transmit messages and change the way we understand the world. With this powerful medium I want to show that a sustainable and just world is possible.«

Judith Weber

→ Abschluss in Pädagogik und Sinologie
→ mittlerweile studiert Judith Visuelle Kommunikation an der Weißensee Kunsthochschule Berlin
→ ihr Ziel ist es, Soziales, Ökologie und Design zu verbinden

»Ich möchte Design im Zusammenhang mit gesellschaftlichen und ökologischen Vorgängen denken. Die Gestaltung des Buches bedeutete für mich Arbeit mit Freude und einem Mehrwert.«

→ Degrees in education and sinology
→ Judith is studying visual communication at the University of Arts Weißensee Berlin
→ her goal is to connect social and ecological topics with design

»I want to think about design together with society and ecology. Working on this book meant joy and added value for me.«

Mit freundlicher Unterstützung von

Dominic Baldzikowski, Frank Michael, Hannes Wahmkow, Rian Heller, Klaus Drzimotta, Gabriele Schelte, Schrottpourri-Crew (Petzke, Charly, Anja, André, Gian-Luca, Annalena), Mario Marugg, Tobias Molter, Josef Ritterbach, Jörk Tiedemann

Mikroplastik, nein danke!

Nadine Schubert

Noch besser leben ohne Plastik

oekom verlag, München
112 Seiten, Broschur, komplett vierfarbig, 13,– Euro
ISBN: 978-3-96238-087-8
Erscheinungstermin: 03.08.2018
Auch als E-Book erhältlich

»Auf Plastik verzichten ist nicht nur gut für die Umwelt, es ist vor allem auch befreiend!«
Nadine Schubert

Sie kaufen möglichst verpackungsfrei und meiden Plastiktüten? Super! Doch nicht immer ist Plastik auf den ersten Blick sichtbar, z.B. in Form von Mikroplastik. Wo es enthalten ist und was Sie dagegen tun können, zeigt Nadine Schubert – und präsentiert viele weitere neue Ideen für ein plastikfreies Leben.

Mit weniger Energie leben lernen

Die weltweite Energieversorgung basiert noch immer überwiegend auf fossilen Brennstoffen. Das können wir uns zu Zeiten des Klimawandels nicht länger leisten. Für Industriegesellschaften bedeutet dies einen grundlegenden Wandel: weg von unserem wachstumsbasierten Gesellschaftsmodell – eine enorme Herausforderung.

J. Floyd, S. Alexander / Herausgegeben und übersetzt von Simon Göß

Das Ende der Kohlenstoff-Zivilisation
Wie wir mit weniger Energie leben können
192 Seiten, Broschur, 26 Euro
ISBN 978-3-96238-242-1
Auch als E-Book erhältlich

Geschichten vom Aufbruch

Artensterben, Klimakrise, Armut und Massenmigration – wir stehen unzähligen Herausforderungen gegenüber. Da liegt es nahe, in Schockstarre zu verfallen. Doch diesen lähmenden Entwicklungen zum Trotz haben sich vielfältige Initiativen aufgemacht, um Lösungen für diese Probleme einzufordern oder selbst zu entwickeln. Es gibt sie also, die Geschichten vom Aufbruch. Geschichten, die uns Mut machen, die Dinge zum Positiven zu verändern!

S. Ristig-Bresser

Make. World. Wonder.
Für die Welt, die wir uns wünschen
320 Seiten, Broschur, komplett vierfarbig mit zahlreichen Illustrationen, 26 Euro
ISBN 978-3-96238-259-9
Auch als E-Book erhältlich

Ökosozial & nachhaltig bauen

Büros, Wohngebäude, Industriehallen – wir bauen und bauen, leider meist ohne Rücksicht auf unsere Umwelt. Vor 40 Jahren gründeten engagierte Architekten deshalb den Verein Bund Architektur und Umwelt, um nachhaltiges und ökosoziales Bauen zu fördern. Ute Scheub stellt 25 seiner Mitglieder in einem reich bebilderten Band vor und zeigt die enormen Potenziale einer nachhaltigen Architektur und Stadtplanung.

U. Scheub, B.A.U. Verein

B.A.U.weisen – weise bauen
Mit der Natur für die Menschen. 40 Jahre Bund Architektur und Umwelt e.V.
194 Seiten, Klappenbroschur, vierfarbig, mit zahlreichen Fotos, 24 Euro
ISBN 978-3-96238-271-1
Auch als E-Book erhältlich

Nicht nur für Wohnprojekte und Lebensgemeinschaften

Wer wissen will, worauf bei der Entwicklung von gemeinschaftlichen Projekten zu achten ist, liegt mit diesem »Gemeinschaftskompass« goldrichtig: Er gibt einen systematischen Überblick dazu, wie gemeinschaftliche Projekte realisierbar sind. Dabei stehen Individuen und Gemeinschaft im Mittelpunkt als Schlüssel zur gemeinschaftlichen Projektentwicklung. Der Gemeinschaftskompass stellt viele hilfreiche Methoden vor, mit denen Prozesse in Gruppen analysiert, bearbeitet und konstruktiv weiterentwickelt werden können.

E. Stützel

Der Gemeinschaftskompass
Eine Orientierungshilfe für kollektives Leben und Arbeiten
240 Seiten, Broschur, 24 Euro
ISBN 978-3-96238-298-8
Auch als E-Book erhältlich